西南石油大学"十三五""十四五"石油与天然气工程科技成果

地层岩石裂缝变形及缝内流体耦合流动理论

李 皋 冯 一 段慕白 等著

石油工业出版社

内容提要

本书的研究内容揭示了多场耦合作用下裂缝渗流、井周应力与裂缝空间结构变化规律，可为井下作业环节的堵漏方案设计、压力控制及动态产能评价等提供科学依据，可为压裂酸化、岩土安全工程等领域提供参考。

本书可作为高等院校石油工程、土木工程等相关专业的教学参考教材。

图书在版编目（CIP）数据

地层岩石裂缝变形及缝内流体耦合流动理论 / 李皋等著. -- 北京：石油工业出版社，2025.7. -- ISBN 978-7-5183-7443-4

Ⅰ. TE357

中国国家版本馆 CIP 数据核字第 2025X5X900 号

出版发行：石油工业出版社

（北京安定门外安华里2区1号楼　100011）

网　　址：www.petropub.com

编辑部：（010）64523746　图书营销中心：（010）64523633

经　　销：全国新华书店

印　　刷：北京九州迅驰传媒文化有限公司

2025年7月第1版　2025年7月第1次印刷
787×1092毫米　开本：1/16　印张：9
字数：177千字

定价：72.00元
（如出现印装质量问题，我社图书营销中心负责调换）
版权所有，翻印必究

前言

近年来，随着勘探技术的日益进步，碳酸盐岩油气勘探逐步向深层和超深层推进，已成为中国油气勘探开发的热点领域。但深部地层资源的开发利用同时面临着埋深大、地层压力体系多、钻井液安全密度窗口窄、安全钻井难度大等技术问题。比如裂缝型地层钻井易发生井漏等井下复杂问题，长期困扰着深部资源的高效开发利用。

围绕井下复杂力学环境下的裂缝空间结构变形与渗流问题，本书综合利用岩石细观力学实验、CT 扫描与结构光扫描技术、数值仿真与可视化实验等研究手段，较为系统地阐述了岩石裂缝形貌刻画、裂缝细观及宏观变形、井周裂缝耦合变形与流动的研究历史与最新研究成果。

全书共六章，第一章由李皋、冯一、段慕白、李育聪撰写；第二章由冯一、段慕白撰写；第三章由李皋、段慕白撰写；第四章由段慕白、冯一撰写；第五章由段慕白、胡强撰写；第六章由滕宇、李睿撰写。全书的统稿和审校由李皋和冯一完成。

UBD 团队（西南石油大学欠平衡钻井团队）的其他成员和在读硕士、博士研究生杨旭、肖东和上官自然等参与了大量的研究工作和著作撰写、图文编校整理。

特别感谢国家自然科学基金委为本书的研究工作和出版提供支持，以及中国石油、中国石化各油田和研究机构的大力支持和帮助。

受水平所限，书中难免存在疏漏和不足之处，敬请读者批评指正。

目 录
CONTENTS

▶ 第一章 绪论
第一节 碳酸盐岩油气藏勘探开发现状 ……………………………… 1
第二节 井周裂缝变形对油气藏钻采的影响 …………………………… 2
第三节 岩石裂缝面描述、变形与流动研究现状 …………………… 3

▶ 第二章 裂缝流动空间结构特征获取与描述方法
第一节 裂缝面形貌测量技术介绍 …………………………………… 22
第二节 裂缝面形貌定量描述指标介绍 ……………………………… 28
第三节 碳酸盐岩裂缝流动空间的结构特征 ………………………… 32

▶ 第三章 岩石裂缝宏观变形过程
第一节 CT 获取岩石裂缝闭合过程 ………………………………… 37
第二节 裂缝岩体闭合变形的有限元仿真 …………………………… 39

▶ 第四章 岩石裂缝面上的微凸体变形规律
第一节 岩石细观力学研究现状 ……………………………………… 43
第二节 微凸体细观力学实验方法 …………………………………… 45
第三节 碳酸盐岩微凸体加载实验结果 ……………………………… 49

▶ 第五章 井筒与井周裂缝的耦合变形与流动规律
第一节 不同角度的井周裂缝耦合变形及流动 ……………………… 58

第二节　不同接触关系下的井周裂缝耦合变形与流动 ……………………69

第三节　地层裂缝网络与井筒的耦合流动 …………………………………79

▶ 第六章　井周裂缝内的固液两相流动规律

第一节　裂缝固液两相流动可视化实验 ……………………………………89

第二节　裂缝固液两相流动 CFD–DEM 仿真 …………………………… 104

▶ 参考文献

第一章 绪 论

第一节 碳酸盐岩油气藏勘探开发现状

"十四五"时期,是我国进入全面建设社会主义现代化国家新阶段的关键时期,油气行业也将进入加速变革和全面推进高质量发展的新时期。随着国际地缘政治与国际环境日趋复杂,不稳定、不确定性明显增加,而我国油气对外依存度持续走高。2023年我国的石油、天然气对外依存度分别达到72.93%、42.2%,国家能源安全面对严峻考验[1]。在巴黎气候协定承诺和碳达峰、碳中和的战略环境下,中国天然气产业面临的发展机遇前所未有;国内天然气资源基础丰厚、资源探明率低、增储上产目标领域明确,与此同时,由于资源复杂化、勘探开发成本升高,天然气规模效益上产难度亦增加[2]。

我国海相碳酸盐岩领域油气资源丰富,碳酸盐岩沉积分布面积达$450 \times 10^4 \text{ km}^2$,油气资源量为$358 \times 10^8 \text{ t}$油当量[3]。近几年勘探实践表明,我国海相碳酸盐岩领域正处于油气大发现、大发展阶段,是我国未来油气实现战略接替的重要领域。以中国石化为例,其海相碳酸盐岩领域天然气主要分布在塔里木盆地、四川盆地、鄂尔多斯盆地,探区的天然气资源量为$14.14 \times 10^{12} \text{ m}^3$,资源探明程度仅为5.1%,具有广阔的天然气勘探发展前景[4-6]。

近年来,随着勘探技术的日益进步,碳酸盐岩油气勘探逐步向深层(埋深大于4 500 m)和超深层(埋深大于6 000 m)推进,发现了越来越多的油气资源,成为世界超深层领域油气勘探开发最活跃的地区[7]。如2018年完钻的马深1井深度达8 418 m,2020年完钻的鹰1井和轮探1井深度分别为8 588 m和8 882 m,在越来越多的碳酸盐岩储集体类型中获得了油气发现。最近又在塔里木盆地腹部的顺北和满西地区、7 000~8 500 m的超深层奥陶系碳酸盐岩中取得了规模性商业储量的发现,建成油气年产量超百万吨的油气田。深层—超深层已成为中国油气勘探开发的热点领域[7]。

但深部地层资源的开发利用同时面临着埋深大、地层压力体系多、钻井液安全密度窗口窄、安全钻井难度大等技术问题[8]。比如裂缝型地层钻井易发生井漏等井下复杂问题,长期困扰着深部资源的高效开发利用。

第二节　井周裂缝变形对油气藏钻采的影响

裂缝广泛存在于地层中，其相对于岩石基质通常具有较高的渗透率，是井下流体流动的优势通道，也是油气藏高产及稳产的关键，但同时也会引起一系列工程问题。

深部油气资源因其埋藏较深，钻遇天然裂缝性地层及出现井周诱导裂缝的概率大大增加。而在裂缝性地层中钻进时，井筒压力的波动会导致井眼附近地层裂缝的开度发生动态变化[9-12]。这可能导致堵漏失效和恶性井漏，继而引发严重井控事故。如中国石油在川东北边远及高山地区广泛开展油气勘探，由于地质条件复杂，高陡构造、断层和推覆体频现[13]，钻井过程中钻井液漏失等井下复杂事故时有发生。据统计资料表明：几乎每钻一口井都要发生不同程度的井漏，井漏占钻井数的65%左右，处理井漏时间占作业时间的5%左右，处理每一口漏失井的耗资都上百万元[14]。如部署在川东北通南巴构造带的河坝101井，钻井期间共发生15次失返性漏失，进行了51次堵漏施工[15]。川东大竹—渝北地区的蓥北1井，钻井期间多次出现漏失，共进行了4次桥浆堵漏和7次水泥浆堵漏，侧钻后漏失仍然反复出现。裂缝性地层钻井液漏失极大地增加了该地区油气藏的建井成本。

对于裂缝性油气藏，绝大多数的油气都是通过裂缝流入井筒的。裂缝对裂缝性油气藏的储集、渗流能力及产能建设起到了关键的作用，但同时也容易诱发钻完井液漏失[16]。如川西新场气田上三叠统须家河组二段的裂缝性致密砂岩气藏，凡具备生产能力的井在钻完井中都会发生不同程度的井漏[17]。而工作液的侵入可能会导致固相堵塞和液相圈闭损害，使开采效果大大降低[18]。

对于天然裂缝发育[19-22]，以及采用清水压裂[23-26]造缝的储层虽然能在生产早期获得较高的产量，但会由于储层压力的持续降低，引起储层裂缝的逐渐闭合，产量快速衰减，即发生储层应力敏感现象[27-29]。而对于注水、注气保压开采及注蒸汽驱吞吐开采，在较大的注入压力下储层中原本闭合的裂缝又会被激活[30-34]，导致窜漏而降低开采效果。

以上问题将导致钻井成本增高，开采效果下降，严重地困扰着油气藏的高效开发。这些问题的核心都在于在钻井与开采过程中受实际工况的影响，地层裂缝内流体压力发生改变，引起裂缝的闭合与变形而导致其开度及渗透率发生明显的变化。

为了有效解决前述钻完井作业和开采过程的工程难题，笔者所在研究团队针对井下复杂力学环境下的裂缝空间结构变形与渗流问题开展了深入而系统的研究，揭示了多场耦合作用下裂缝渗流、井周应力与裂缝空间结构变化规律，可为井下作业环节的堵漏方案设计、压力控制及动态产能评价等提供科学依据。

第三节 岩石裂缝面描述、变形与流动研究现状

一、岩石裂缝面精细描述

岩石裂缝精细描述在研究裂缝空间内流体流动能力和裂缝内颗粒运移规律等方面是非常重要的。国内外学者从不同方面对裂缝空间精细描述进行了大量的研究工作，由于裂缝的渗流规律是以平行板模型作为基础研究的，但是却不适用于碳酸盐岩天然裂缝，最根本的原因是天然裂缝表面粗糙不平，因此为了精细描述天然裂缝表面的粗糙程度，引入了对裂缝空间粗糙度的评价，通过评价裂缝粗糙度测量获取的参数重构出裂缝表面。常用的裂缝空间粗糙度评价方法有三种：裂缝面起伏差、裂缝面粗糙度系数和分形数维[35]。

裂缝面起伏差法又称为凸起高度表征法[36]，这种方法以裂缝面的凸起高度函数或者以裂缝面凸起高度的概率密度函数来描述裂缝表面的粗糙度，这种方法存在很多问题，例如振幅相同的两条裂缝面函数，两条裂缝面函数的周期不同，但是其起伏差相等，这两组裂缝的粗糙度明显是不相同的，很多学者对凸起高度表征方法进行了修正，但在实践中很少被采用。

Barton 等在 1973 年提出了裂缝粗糙度系数（Joint Roughness Coefficient，以下简称 JRC）[37]，JRC 用来表征裂缝表面粗糙度被广泛使用，并被国际岩石力学协会推荐使用。Barton 得到了裂缝面抗剪强度与裂缝面粗糙度的经验关系式[38]，因此 Barton 推荐两种方法用来确定裂缝样品的裂缝面粗糙度系数[39]。第一种方法为实验法，通过剪切测试实验来测量 JRC，这种方法必须准备裂缝样品的复制品来进行力学和渗流方面的研究。第二种方法为比对法，根据由 Barton 提供的如图 1-3-1 所示的 10 条裂缝粗糙度系数曲线进行比对来确定 JRC[39]，这种方法有较大的随机主观性。Tse 等[40]为了确定裂缝表面的粗糙度提出了剖分参数法[41]。Yu 等[42]、Tse 等[40]利用统计裂缝表面参数研究了裂缝面粗糙系数的拟合关系。国外学者 Wu 等[43]、Barton 等[44]、Kranhn 等[45]、Dight 等[46]、Reeves[47]、Maerz 等[48]，国内学者王岐[49]、张鄂等[50]、杜时贵等[51,52]研究如何定量求取 JRC 值的方法。Fardin 等[53,54]开展研究了关于裂缝尺寸大小对裂缝粗糙度的影响规律。

利用分形维数来表示裂缝的粗糙程度是由 Mandelbrot 等[55]在 1977 年提出的并建立了分形维数理论。量规法和功率谱密度法是分形维数的两种测量方法，当测量距离足够小时，量规法测定的分形维数才能接近真实值，功率谱密度法测量获得的结果需要进行两次傅里叶变化变换，计算量大并不适合普遍使用。Fardin[56]针对裂缝面的尺寸大小对分形维数测量结果的影响进行了分析，得到了裂缝面尺寸阈值。学者 Lee 等[57]、Askari 等[58]和谢和平等[59]，对分形维数和裂缝粗糙度系数 JRC 之间的关系式进行了深入的研究，并且

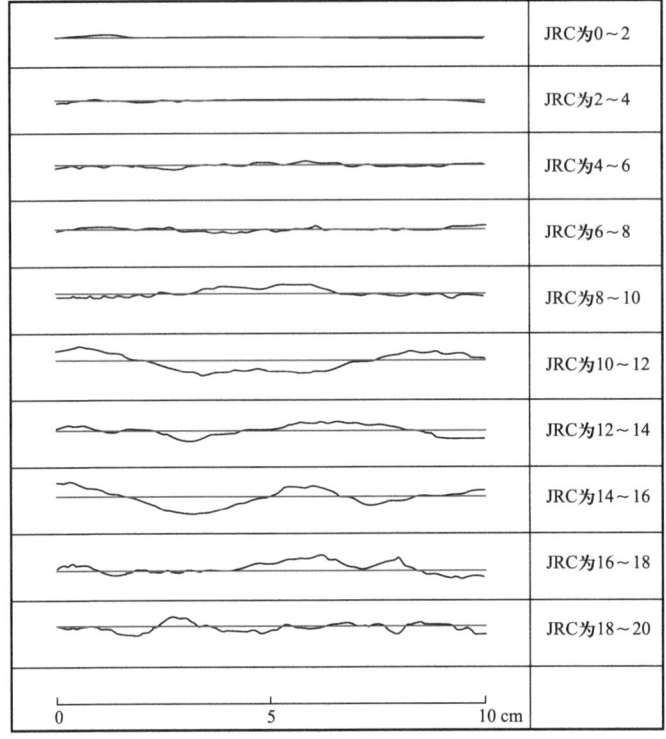

图 1-3-1　不同 JRC 系数下的裂缝剖面[37]

得到了两者之间的经验关系式，但是同一条裂缝沿着不同的方向剪切实验测量得到的 JRC 的值是不同的，而同一条裂缝测定的分形维数却是唯一的，这说明该方法有一定的缺陷[36]。Hustrulid 等[60]认为裂缝空间是一个非常复杂的非均质曲面，对于同一条裂缝利用分形维数描述时会受到测量方法、测量点之间的距离等因素的影响。

通过测量和评价裂缝表面的粗糙度，如何合理应用测量数据描述裂缝表面形态，重构出裂缝表面真实的数字模型，国内外学者进行了大量的研究，总结这些研究成果得到重构裂缝表面的方法有以下三种。

第一种为基于分形维数法的研究结果重构裂缝数字模型的方法[35]，利用傅里叶级数展开逆变换得到裂缝三维表面[36]。Jeong 等[61,62]通过分形维数理论重构得到不同粗糙度的裂缝三维数字表面。Hust 指数法[63]是利用分形布朗运动中点差分方法重构出二维裂缝表面的方法，Weierstrass 函数法[64-66]也是一种分形函数方法，通过这种分形函数能够重构出三维裂缝表面。Brown[67]利用给定的三个参数（分形维数、裂缝面粗糙度均方根、裂缝宽度）得到三维裂缝表面。

第二种为利用数理统计的结果重构裂缝数字模型的方法[35]，Wu[68,69]、Bakolas[70]认为裂缝面分为高斯分布和非高斯分布两种情况，并且分别给出了重构裂缝表面函数[71]。基于概率统计理论，Whitehouse 等[72]，Nayak[73, 74]，Bush 等[75-77]，Sayles 等[78]，Whitehouse 等[79-81]在建立裂缝表面粗糙模型上都作出了重要的贡献，Tsang 等[82]认为裂缝空间分布规律宽度密度呈 Gamma 分布，以裂缝宽度密度函数为主要参数重构获得的裂缝表面形态。

第三种方法为直接测量法[35]，由于是直接从裂缝表面测量获取的数据，重构出的裂缝表面更为真实，这种方法被广泛应用。最早使用的方法为破坏式测量方法，这种方法包括断面切片测量[83]得到微观数值特征，切岛法通过将裂缝粗糙表面逐个研磨，然后通过计算机将研磨的每一层进行形态描述。谢和平等[84]将裂缝表面涂上碳，通过研磨得到裂缝面上一系列的等高线来获取裂缝形态结构。这种方法最大的缺点就是工作量大并且会损害裂缝表面形态特征。为了不损害裂缝形貌特征又能够方便获取裂缝表面的真实数据，研究者们又提出了接触式的测量方法[36]。这种方法利用探针在裂缝表面测量剖面数据，方法简单，操作方便，但是缺点很多，这种方法的测量精度不高，探针在裂缝表面上获取数据时可能会绕开裂缝表面上的微凸体，误差也比较大，测量间距不能一直保持太小，精度最大为 0.1 mm。随着研究的深入，对于测量精度的要求越来越高，光学科技的迅速发展，大量的学者通过激光扫描、CT 扫描等方法进行裂缝表面三维重构，Fardin[56]、Jiang 等[85]、李皋等[86]利用激光扫描系统获取裂缝表面三维数据，扫描精度为 20 μm，基本能够满足研究要求。CT 扫描获取裂缝剖面的方法[87-89]也被广泛应用，这种方法使用 CT 环绕扫描裂缝剖面，获得等间距的裂缝剖面图，再利用计算机处理系统，将裂缝剖面叠加得到裂缝整体图像。

综上所述，破坏式测量和接触式测量已经被光学非接触式测量而取代。CT 扫描技术由于图像重建计算量非常大，实验成本高，不适合开展大量扫描研究。因此本书将采用结构光扫描仪进行非接触式测量，每个裂缝面只需要扫描一次，精度可达 10 μm，重构出的三维裂缝形貌符合研究需要。

二、裂缝闭合变形机理

1. 室内实验研究现状

人们对于自然规律的初步认识通常都是由现场观测和实验测试得出的。前人开展了大量的岩石裂缝法向变形实验来研究岩石裂缝的法向变形规律，并采用不同的函数来拟合实验数据得出了许多经验模型。

Harrison 等将裂隙岩体的力学性质归纳为 DIANE 特性[90]，即不连续（Discontinuous）、非均匀（Inhomogeneous）、各向异性（Anisotropic）与非弹性（Not-Elastic）。这表明裂缝的力学性质比一般的岩块复杂得多。

典型的裂缝闭合实验曲线如图 1-3-2 所示，Cook[91]在大量实验的基础上总结了裂缝闭合实验曲线的特点，指出其形状基本相同，具有高度的非线性。同时随着闭合量的增加曲线向上弯曲趋近于一个铅直渐近线，该铅直渐近线对应着裂缝闭合量的最大值。而在此之后的变形来自岩石自身而非裂缝。非耦合裂缝的刚度比耦合裂缝低，更易变形。

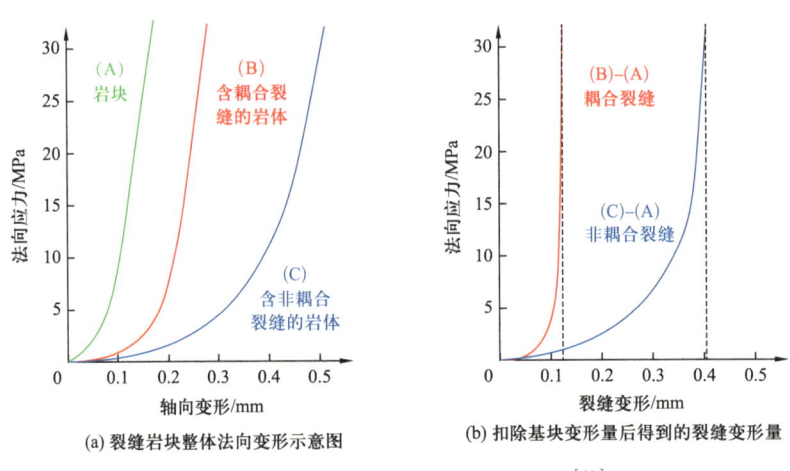

图 1-3-2　典型的裂缝闭合实验曲线[39]

1968 年 Goodman[92]提出了"裂缝刚度（Rock Joint Stiffness）"这一概念来表征裂缝被压缩的难易程度，其值为裂缝闭合实验曲线的斜率。1971 年 Shehata[93]采用半对数函数来拟合实验数据。随后 Goodman[94]采用双曲线函数来描述裂缝的闭合变形过程，并认为实验曲线的非线性大部分源自发生接触的微凸体的压碎和张裂。孙宗颀[95]则认为这是由于在裂缝不断闭合的过程中，发生接触的微凸体数量及接触面积不断增加，裂缝刚度提高，从而产生的非线性。接着 Kulhaway[96]提出了另一种形式更为简洁的双曲线模型。在对不同岩性岩石进行了大量室内实验的基础上，1983 年 Bandis 等[97]和 Barton 等[98]共同修正了 Goodman 模型，建立了一种新的双曲线模型。此外还有幂函数模型[99, 100]、统一指数模型[101, 102]等。最近几年国内一些学者[103-110]在前人研究基础上进行改进，提出了与实验曲线更加吻合的经验模型。此外还有学者研究了在动态加载条件下的裂缝闭合变形[111, 112]，并建立了不同频率载荷作用下的裂缝闭合模型[113]。

循环加载实验展示了裂缝的滞回环和永久变形，这被称为迟滞现象（Hysteresis）。滞回环随着循环次数增加而减小，同时非耦合裂缝比耦合裂缝滞回环大。在裂缝循环加载方面人们也开展了许多研究，如周文等[27]通过室内实验定量分析了不同循环次数的裂缝开度恢复量。其实验结果表明对于无充填裂缝第一次加载卸载循环后其开度的恢复量仅有 35% 左右，而在第二次和第三次循环中恢复量通常在 85% 以上。实际上正如 Goodman[94]所说，裂缝接触后会在发生接触的微凸体尖端产生应力集中的现象，导致微凸体破碎和裂缝面形貌改变,使得加载卸载曲线无法重合。而每次加载卸载循环后裂缝面形貌都会变得更加平滑,应力集中和微凸体破碎的程度减缓,使得迟滞效应减轻和恢复量增加。

实验研究让人们意识到微凸体的变形与破坏对研究裂缝变形至关重要。虽然经验模型形式简单且与实验吻合度高,但都需要事先进行室内岩石裂缝闭合实验以选取合适的拟合函数并确定待定系数才能应用于工程中,属于唯象研究而缺乏预测功能[114]。

Pyrak-Nolte 等[115]在岩石裂缝闭合实验中发现即使是在 85 MPa 的闭合应力下,花岗岩中天然裂缝的实际接触面积也仅为 30%~40%。这是由于岩石裂缝面的形貌是极不规则的,在法向应力的作用下裂缝的闭合变形实际上是裂缝面上先后接触的微小区域,也就是细观上个别微凸体变形的宏观表现。

与经验模型直接建立裂缝宏观的法向应力与法向变形的关系不同,理论模型与数值模型从裂缝面上的微小接触区域出发,首先研究裂缝面的不规则形貌特征,然后建立裂缝宏观法向变形与裂缝面内微小接触力之间的关系,再对微小接触力求和后最终得到裂缝宏观法向应力与法向变形的关系。在此过程中微小接触起到了中介的作用[116]。与经验模型相比,理论模型和数值模型最大的优势就是无须进行室内岩石裂缝闭合实验,只需假设裂缝上微凸体的高度满足某一统计分布规律或者对裂缝面形貌进行测量,结合岩石力学参数即可预测不同法向应力下的裂缝闭合变形量。

因此学者们在通过实验测试提出了许多经验模型,完成了对裂缝闭合的"形"的研究后,将研究重点转向裂缝闭合过程中的这些微小接触,以寻求裂缝闭合的"实"。

2. 数值仿真研究现状

数值模型需要知道具体裂缝面的完整形貌,然后对其进行空间离散进而求得裂缝面上任意位置的变形量与应力分布。前人的研究中使用了有限元[117,118]、边界元[119,120]、离散元[121-123]等通用数值计算方法,典型的裂缝有限元模型与离散元模型如图 1-3-3 所示。

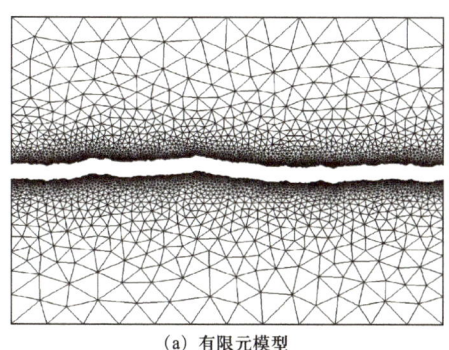

(a) 有限元模型　　(b) 离散元模型

图 1-3-3　典型的裂缝模型[117,123]

在20世纪70年代，有限元等通用数值仿真技术仍在发展中，计算机硬件资源也十分有限。因此学者们都通过自行研发数值模型来研究裂缝闭合问题。

1978年Gangi[124]提出了第一个岩石裂缝闭合变形的数值模型，即"钉床（Bed of Nails）模型"，如图1-3-4所示。

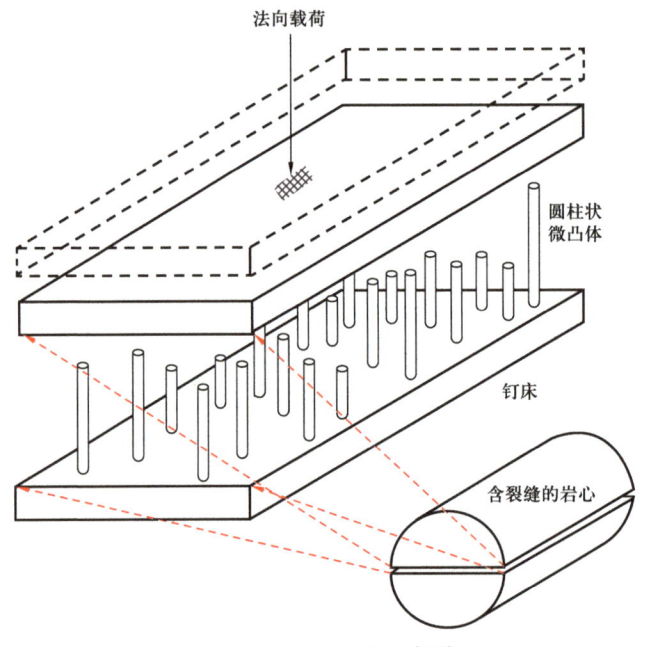

图1-3-4　钉床模型[124]

Gangi将裂缝的闭合变形问题简化为一个布满不同长度的圆柱形钉子的钉床与一个刚度平板接触的问题。这些钉子长度的变化就对应着裂缝面的起伏和粗糙特性。随着刚度平板的不断靠近，越来越多的钉子与平板发生接触并产生线弹性变形，裂缝的刚度也随之增加，从而表现出了裂缝闭合实验曲线的非线性。而那些尚未发生接触的圆钉与刚度平板之间的间距则对应着裂缝内流体流动的空隙空间（Void Space）。

需要注意的是Gangi模型中的圆柱状微凸体并不对应着真实裂缝面上的微凸体，而是一种空间离散单元，类似有限元中的杆单元或梁单元。

Gangi模型仅考虑了微凸体的变形，随后有许多学者[125-134]在该模型的基础上进行了改进，改进的重点是引入基体变形和微凸体相互作用。

如图1-3-5所示，裂缝的变形过程中由于发生接触的微凸体数量较少，分摊到每个微凸体上的载荷比整个裂缝面受到的平均载荷大得多，在如此大的载荷下微凸体会被压入下部岩石基体中引起额外的裂缝变形，这被称为基体变形（Bulk Material Deformation）[118]。基体变形会导致整个裂缝面的不均匀"下沉"，且越靠近发生接触变形的微凸体"下沉"的量也越大。

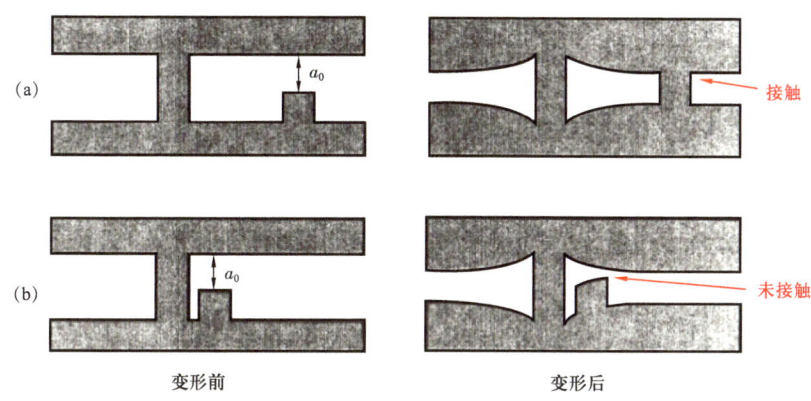

图 1-3-5 基体变形与微凸体相互作用[118]

考察一高一矮的两个微凸体，其高度之差为 a_0。当高微凸体发生接触后，裂缝继续闭合了 a_0，高微凸体及其两端的基体都发生了变形。如果这时这两个微凸体像图 1-3-5（a）中那样离得较远，基体的变形对矮微凸体的影响可以忽略，矮微凸体也发生了接触变形。而如果它们像图 1-3-5（b）那样离得较近，矮微凸体会随着基体的变形而随之下沉，从而避开了与上裂缝面的接触变形。这一作用被称为微凸体相互作用（Mechanical Interaction）[125]，它会引起已发生接触变形的微凸体的附近微凸体自身高度的变化，并影响后续的裂缝接触变形过程。

裂缝的宏观变形便由微凸体变形（Asperity Deformation）和基体变形（Bulk Material Deformation）和微凸体相互作用（Mechanical Interaction）三者共同组成。

Hopkins[125-127] 率先实现了以上全部三点。其将基体视为一个弹性半空间（即是说其唯一的边界为一个无穷大的裂缝面，而其他方向向无穷远处延伸），而基体的变形等效于一个刚度压头压入弹性半空间的弹性力学问题，采用弹性力学中的 Boussinesq 解[135] 来描述。随后采用最小应变能原理和叠加原理对总体刚度矩阵进行求解。最终得到任意法向应力下的裂缝面形貌与应力分布。其研究结果表明，微凸体的尺寸和分布规律对裂缝刚度有显著的影响。具体表现为微凸体分布越集中，受基体变形与微凸体相互作用的影响越大，裂缝越容易变形，裂缝刚度也越低。

Pyrak-Nolte[132-134] 采用数值模型分析了裂缝内的流体流动，同时指出由于 Hopkins 所使用的算法比较耗费计算机资源，模型尺寸有限。她提出了一种基于共轭梯度法的新算法，在计算速度和数值模型尺寸方面有了较大的提升。

与 Gangi 等学者[124-134] 不同，Walsh 等[136] 和 Tsang 等[137] 认为既可以将裂缝看成是一个布满不同高度和尺寸的微凸体的粗糙表面，也可以将其看成是完整岩石中的许多连通或不连通的洞穴，从而提出了"洞穴模型（Voids Model）"。如图 1-3-6 所示，其将裂缝视为一个个由已经发生接触的微凸体分割的椭圆形洞穴，在法向应力的作用下这些椭圆形洞穴将发生压缩变形。同时由于微凸体的存在，在洞穴压缩变形的过程中将会有微凸体发生接触，将洞穴一分为二。如此进行下去，发生接触的微凸体越来越多，洞穴越来越小，裂缝也更难被压缩。此外，Tsang 等[137]还指出使用 Gangi[124]所提出的模型计算时，若想得到与实验相一致的结果必须将微凸体的弹性模型降低到比基体小两个数量级。而 Marache 等[129]也指出受长期的地质作用，比如裂缝内的流体冲蚀，微凸体的力学强度会比基体低一些。

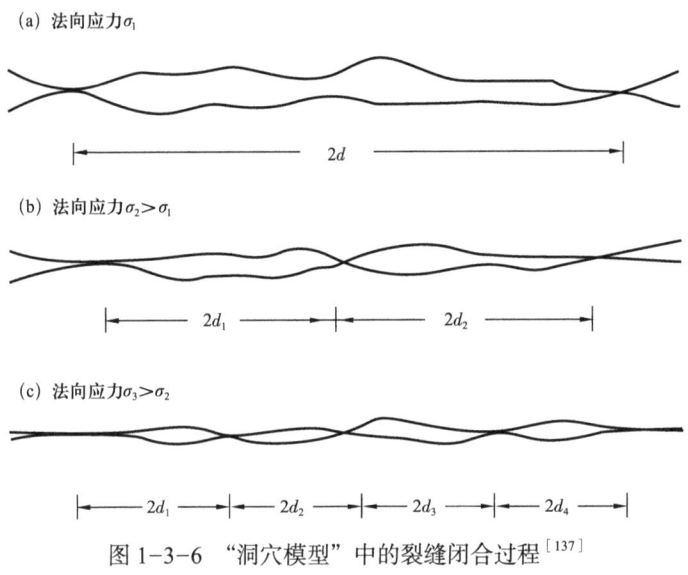

图 1-3-6 "洞穴模型"中的裂缝闭合过程[137]

"洞穴模型"也被后续一些学者[138-140]所采用，如 Deng 等[139, 140]采用该模型研究了法向应力作用下酸蚀裂缝的开度及其导流能力的变化。

2015 年 Kamali 等[131]总结了前人的研究成果，依然将微凸体视为圆柱体，建立了考虑微凸体变形、基体变形、微凸体相互作用、微凸体塑性变形的数值模型。该数值模型可以给每一个微凸体及其下部基体赋予不同的力学属性，其研究结果指出基体的力学性质对裂缝闭合变形与微凸体同样重要。同时他还假设微凸体满足纯弹塑性本构模型，在达到岩石单轴抗压强度后开始屈服并产生塑性流动。研究指出微凸体的塑性变形将大大增加裂缝闭合变形的程度，而为了反映裂缝在法向应力下的真实变形，需要准确测量微凸体的力学强度。

3. 理论模型研究现状

人们通过对裂缝面形貌进行精确扫描后发现微凸体的高度常满足高斯或指数统计分布规律。因此与数值模型需要知道裂缝具体形貌数据不同，理论模型直接假设裂缝面上的微凸体的高度满足某一统计分布规律。同时理论模型将微凸体简化为球冠，直接采用接触力学中经典的 Hertz 接触理论来描述微凸体的变形。故相对于数值模型，理论模型计算方法简单，计算量也更小。

裂缝面上分布着许多尺寸在毫米级别的微凸体，同时具有多尺度性，即在尺寸较大的微凸体上又分布着许多小尺寸的微凸体。ISRM 建议依据微凸体的尺寸，可将裂缝面的形貌分为起伏度分量（Waviness Component）和粗糙度分量（Unevenness Component）两个部分[141]，这两个分量可通过对裂缝面的形貌数据使用傅里叶变换抽离开来[142]。

Greenwood 等[143,144] 率先对只含粗糙度分量的裂缝面接触问题进行了研究。他将裂缝面上微凸体的高度视为随机变量并满足高斯分布或指数分布，假设所有微凸体的峰顶曲率半径相同，而变形也仅发生在微凸体的峰顶部分且为纯弹性变形并采用 Hertz 接触理论来描述，从而得出式（1-3-1）来计算某一裂缝闭合量下所对应的裂缝法向应力。

$$\begin{cases} \sigma_n = \dfrac{4}{3}\eta\sqrt{\overline{R}}E'\int_d^\infty (z-d)^{\frac{3}{2}}\phi(z)\mathrm{d}z \\ E' = \dfrac{E}{2(1-\nu^2)} \end{cases} \quad (1-3-1)$$

式中 σ_n——裂缝面的法向应力，MPa；

η——微凸体的面密度，个/mm²；

$\overline{R}$——微凸体的峰顶平均半径，mm；

E'——岩石的有效弹性模量，MPa；

z——粗糙表面上某一个峰顶到粗糙面的参考平面的距离，mm；

d——刚性平面到粗糙面的参考平面的距离，mm；

$\phi(z)$——微凸体峰顶高度的概率密度函数；

E——岩石的弹性模量，MPa；

ν——岩石的泊松比。

在微凸体的本构模型方面，理论模型都采用 Hertz 接触理论来描述单个微凸体的变形。Hertz 接触理论中微凸体所受的压力与其变形量的 1.5 次方成正比，表现出了非线性。Greenwood 等[145]指出虽然裂缝面上较高位置的微凸体由于要经历更多的变形而可能会产生塑性变形，但对裂缝闭合行为影响最大的是微凸体高度的统计学分布，其次才是单个微凸体的变形过程。Beeler 等[146]和 Nagata 等[147]从数学推导了不同微凸体本构模型的影响，指出对于微凸体高度满足指数分布的粗糙裂缝面来说，不论采用线性亦或者非线性本构模型来描述微凸体的压缩变形，反映到理论模型总的计算公式中仅仅是常系数存在差别。这表明微凸体的本构模型仅会对裂缝闭合曲线的具体数值产生影响，而不会影响裂缝闭合曲线的总体形态。但对于裂缝闭合问题来说，准确地描述单个微凸体的变形过程，是成功预测裂缝闭合变形过程的基础和前提之一。

由于Greenwood模型假设微凸体峰顶高度满足统计规律，因而无法得出裂缝内部具体某个区域的机械开度。龚明[116]先用Greenwood模型求出裂缝内部空间体积，再除以裂缝面的投影面积后得到了裂缝平均开度，然后采用经典的立方定律计算了酸压裂缝导流能力。随后的裂缝闭合理论模型都基于Greenwood模型，但都有不同程度的改进。

Yamada等[148]假设发生接触的两个裂缝面上的微凸体高度分布是相互独立和随机的，通过计算这两个微凸体高度分布函数的重合部分来计算不同法向应力下的裂缝闭合变形量。

Brown等[149]则提出了复合裂缝面的概念，即将上下裂缝面高度相加得到一个组合裂缝面，将两个裂缝面的接触问题转化为一个组合裂缝面与一个刚性平面的接触问题，简称B&S模型。这一做法简化了模型，同时可以考虑相同的两个粗糙裂缝面由于处在不同接触状态下引起的闭合行为的差别。此外B&S模型还通过在式（1-3-1）的系数中加入修正因子，考虑了微凸体切向受力变形的影响。夏才初[150]指出B&S模型[149]中组合形貌参数的具体算法值得商榷，应该在每次合成组合裂缝面后对其进行测量和计算，而不能直接由原始上下裂缝面各自的形貌参数通过加权得到。

夏才初等[151]将含起伏度分量的裂缝闭合问题等效为一个只含起伏度的光滑曲面与一个只含粗糙度的平面的接触问题，解决了含起伏度分量的裂缝的闭合变形问题。

最近，Tang等基于接触力学和弹性理论先后建立了考虑基体变形[152]和微凸体相互作用[153]的裂缝闭合变形理论模型，使理论模型的体系更加完善。他所建立的单个微凸体及其下方基体变形的力学模型如图1-3-7所示，其力学模型已经将微凸体和基体的弹性模量区别开来，分别为E_a和E_b。但由于没能获得微凸体的弹性模量，因此在后续分析和计算中假定微凸体的弹性模量与基体相同，均采用宏观岩石力学实验的测量值。

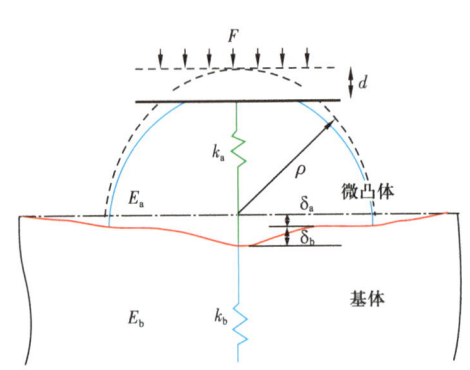

图1-3-7　微凸体与基体变形的力学模型[152]

相较于前人的理论模型，唐志成的新模型的预测结果与实验更加接近，但仍有一定的误差。唐志成等[114]认为理论模型在推导过程中都假定微凸体为弹性变形且满足Hertz接触理论，而实际上在岩石裂缝的闭合变形中可以明显观测到塑性变形，微凸体的变形也可能并不满足Hertz接触理论，由此导致了预测误差的出现。

三、井周裂缝渗流规律

关于裂缝空间的渗流问题，早在20世纪就有苏联学者开始研究。最初关于裂缝空间渗流问题的研究是基于平板裂缝，研究者做了很多关于光滑平板流动的实验研究。平板裂缝就是将粗糙裂缝表面简化为两个光滑、平行的裂缝面。通过这些平板流动实验研究提出了立方体定律。立方体定律适用于两种流动条件：裂缝中的层流流动与湍流流动。实际裂缝表面并不是和平板缝一样光滑，而是具有一定粗糙度。于是很多学者对粗糙裂缝中的流体流动规律进行了研究，通过之后的研究发现平板裂缝与表面粗糙的裂缝的流动规律存在一定差别。

为了能得出天然裂缝内渗流规律的计算方法，Lomize[154]、Louis[155]、Amadei 等[156]通过粗糙裂缝流动实验，利用裂缝粗糙系数对光滑平板所得出的立方定律进行了修正。Lomize 和 Louis 修正公式见式（1-3-2）、式（1-3-3）和式（1-3-4）。

Lomize 公式为：

$$\begin{cases} q = \dfrac{b^3 \nabla P}{12\mu} \dfrac{1}{1+6(\Delta/b)^{1.5}} & \text{（层流）} \\ q = b\sqrt{\dfrac{\nabla P}{\rho}b}\left[2.6+5.1\lg\left(\dfrac{b}{2\Delta}\right)\right] & \text{（紊流）} \end{cases} \qquad (1-3-2)$$

Lomize 公式的上限雷诺数计算式为：

$$Re_{\text{kp}} = 600\left[1-0.96(\Delta/b)^{0.4}\right]^{1.5} \qquad (1-3-3)$$

Louis 公式为：

$$\begin{cases} q = \dfrac{b^3 \nabla P}{12\mu} \dfrac{1}{1+8.8(\Delta/b)^{1.5}} & \text{（层流）} \\ q = 4b\sqrt{\dfrac{\nabla P}{\rho}b}\lg\left(\dfrac{1.9}{\dfrac{\Delta}{b}}\right) & \text{（紊流）} \end{cases} \qquad (1-3-4)$$

式中　q——裂缝单位长度的流量，m^3/s；

∇P——压力梯度，取绝对值，Pa/m；

b——裂缝平均宽度，m；

Δ——绝对粗糙度，m；

μ——流体黏度，$mPa \cdot s$；

ρ——流体密度，kg/m^3。

立方定律并不能真实反映粗糙裂缝中流体流动规律。速宝玉等[157]针对这一问题用人工粗糙裂缝进行渗流模拟实验，对粗糙裂缝中的渗流机理进行了分析。通过分析发现：裂缝中的流体在层流流动的条件下其计算方法适用达西定律，而紊流流动的条件下其压降与流速是非线性关系。为了表征粗糙裂缝中空间分布特征对流体流动的影响规律,利用粗糙系数对立方定律进行了修正。段慕白等[158]以节理粗糙度(JRC)标准剖面轮廓曲线为模型基础,得出裂缝开度与流量之间的关系为非线性关系,两条曲线的趋势比较一致,均符合对数关系。张鑫[159]基于二维裂隙形态的描述方法,结合不同粗糙度下的裂隙中流体渗流仿真与单裂隙辐射流剪切—渗流耦合实验,得出了应力—渗流耦合作用的规律与裂缝应力变化对粗糙度的影响。申林方等[160]为了研究裂缝粗糙度对其渗流规律的影响,基于中心插值法和格子 Boltzmann 方法建立三维粗糙裂隙渗流模型。通过分析裂隙空间形态对渗流压降的影响发现:裂隙粗糙度越大,流体所受的阻力越大,相等距离的压降越明显。在层流条件下,粗糙裂缝中入口流速与平均压降呈线性关系。余成等[161]对粗糙裂缝内流动空间进行了模拟研究,但其模拟所用的裂缝与天然裂缝的内部空间分布特征没有关联,没有考虑天然裂缝开度分布的不规则性。虽然很多学者利用粗糙度系数等方法对立方定律进行了修正,但是因为裂缝空间的不规则性,经验计算公式始终不能准确描述天然裂缝内的流体流动规律。

Navier 提出了不可压缩黏性流体的运动方程,Stokes 独立提出了黏性系数这一常数形式,将两人的模型结合就有了著名流体流动控制方程 Navier-Stokes 方程,该方程为计算流体力学提供理论基础,是应用最广泛最精确的控制方程。Stokes 方程、Reynolds 方程和立方体定律均可看成 Navier-Stokes 方程的简化。Reynolds 方程计算简便,考虑了裂缝宽度的不均匀性。裂缝宽度的分布函数见式(1-3-5),被大量的学者[162,163]使用,该方法在裂缝空间渗流分析有很大的优势。

$$\frac{\partial}{\partial x}\left[b^3(x,y)\frac{\partial p}{\partial x}\right]+\frac{\partial}{\partial y}\left[b^3(x,y)\frac{\partial p}{\partial y}\right]=0 \quad (1-3-5)$$

式中 $b(x,y)$——裂缝宽度分布函数。

Patir 等[164]采用有限元差分的方法求解雷诺方程,得出了裂缝内的流体计算公式,Brown 等[165]利用分形的方法得到了裂缝粗糙表面模型,计算裂缝内的流体流动公式与 Patir 和 Cheng 的方法类似[166],表达式为:

$$q=\frac{b^3\left[1-0.9\exp(-0.56b/\sigma_\mathrm{H})\right]\nabla P}{12\mu} \quad (1-3-6)$$

式中 σ_H——裂缝宽度的标准差;

∇P——压力梯度,取绝对值,Pa/m。

Zou 等[167]基于真实单裂缝模型,利用 Navier-Stokes 方程计算得到粗糙裂缝内的流场分布。其研究发现除雷诺数外,高频二次粗糙度是裂隙流场涡动区动态演化的主要原因。求解 Navier-Stockes 方程时考虑加速度和惯性项，更加精确地计算了表面粗糙度对裂隙中非线性流动的影响，对模拟裂隙岩体中质量和能量输运过程具有重要意义。

在钻井过程中，裂缝壁面压力受到上覆地层压力、地应力和地层流体压力的综合作用[168]。井筒中的压力波动会影响地层中流体压力，流体压力的变化又会对裂缝壁面所受到的压力产生影响，裂缝所受压力的改变直接导致裂缝空间分布的改变，使裂缝张开或者闭合。裂缝围压的应力场与渗流场相互影响，使得流固耦合在裂缝渗流规律研究中不可忽略。Terzaghi[169]最早研究地下储层流固耦合问题，他将岩体变形与地下多孔介质中的渗流问题结合起来，提出了有效应力公式，即有效应力等于上层总压力减去孔隙水压力。但是对低渗多孔介质并不适用。随后，Boit[170]在他的理论基础上，提出有效应力等于上层总压力减去等效孔隙压力。该研究奠定了地下流固耦合理论研究的基础。总体上来看，研究地下流固耦合问题，存在两种思路：一是细观尺度水平上的细观研究方法，这里主要偏向于研究岩体耦合作用机制；二是将岩体等效为连续介质的宏观研究方法，该方法将细观孔隙流动等效为宏观连续的渗流场，引入表征单元体概念来描述渗流场和应力场的宏观表现。

任文希[171]通过开展孔隙—裂缝性致密砂岩变形机理仿真与实验研究发现：当介质中的流体压力增加时，裂缝的法向受力平衡被破坏，裂缝会张开，渗透率增大，但裂缝和基质压差存在峰值效应，基质物性参数受体积变化的影响。赵强[172]针对现场裂缝岩样，对裂缝表面形态进行数学描述并重构裂缝空间，通过对裂缝空间渗流数学模型及渗流机理研究揭示了裂缝中流固耦合的渗流机理。胡强[173]对比分析了钻遇单条裂缝、多条裂缝和基质三种情况下薄层裂缝网络与井筒耦合流动规律。考虑基质内节理缝相比忽略基质内节理缝的裂缝网络与井筒耦合渗流过程，漏失速率和漏失量明显增加，由此认为考虑基质内节理缝对裂缝网络与井筒耦合渗流的影响更加符合实际钻井工程作业。舒刚[174]通过考虑缝面特征的天然裂缝流动计算方法，建立了多压力系统下的变流量井筒多相流模型，依据不可压缩流体稳态流动控制方程建立重力置换式溢漏同存模型，最终形成重力置换式井筒—裂缝溢漏同存计算方法。贾红军[175]对理想平板裂缝内流体流速的敏感性因素进行研究，发现缝宽、压差和钻井液性能是影响缝内流速的主要因素。裂缝内流场极不均匀，流体主要从开度较大的"优势通道"流过。通过建立的钻遇裂缝性气藏溢漏同存理论体系，发现裂缝内气液两相流动规律不符合达西定律。赵向阳[176]基于重力置换平板裂缝，通过开展各种影响因素在不同工况下的仿真模拟和置换实验，对不同参数对置换量的影响规律、置换发生的条件、发展规律和控制因素进行了分析。研究发现：两相界面稳定前，置换发生的主要原因是裂缝两端的压力差，而钻井液与地层流体的密度差与黏度差是导致裂缝两端压差的主要因素。戴成[177]通过实验、仿真和理论模型对不同因素对裂缝流体重力置换的影响开展研究。在地层定压条件下，井筒和地层压力必须处于置换区间才能发生置换现象，钻井液的漏失速率随裂缝宽度的增加而增加，随裂缝长度的增加而减小。

综上所述，裂缝渗流的理论研究主要是基于光滑平行板立方定律发展起来的，通过研究粗糙裂缝起伏度对裂缝渗流的影响进而采用粗糙度系数及对裂缝立方体定律进行修正，修正后的立方体定律经过验证能进一步接近实验结果，但是仍然与天然裂缝的空间分布特征存在一定差距。但是随着计算机技术的发展，运用Navier-Stockes等控制方程计算流体力学越来越为人们所接受，不断运用于工业与科学研究中，很多裂缝流动仿真都是基于Navier-Stockes的简化方程。虽然Navier-Stockes方程能够在一定程度上精准描述流体的流动过程，但是裂缝中的流体流动空间仍是决定流动的主要因素，为了更加精准的契合天然裂缝中流体的流动规律，必须建立能够反映天然裂缝空间分布特征的裂缝模型。

四、裂缝流固耦合流动研究

1. 裂缝流固耦合流动实验研究

封堵材料对裂缝的封堵能力主要依靠开展室内封堵实验来进行评价。即通过在不同漏失压差、温度下开展模拟实验，分析封堵材料尺寸和加入量对钻井液漏失量、封堵区渗透率的影响来综合评价封堵材料的性能。

邓智中[178]与余海峰[179]对现有的常规实验评价装置进行了完整回顾与对比。常规实验评价装置主要由封堵浆液容器、裂缝模块、滤液回收模块、数据采集与分析、加压恒温装置等附件和管线构成。

早期的实验评价装置采用中心开有槽的圆形钢片来模拟裂缝，由于钢片的厚度十分有限，不能反映出裂缝的长度，漏失通道普遍较短，容易出现堵漏材料大量在裂缝入口处堆积，即"封口"的假象[180]。如图1-3-8所示，目前常规实验装置的主要发展方向是高温高压和规模更大的裂缝模块，以便模拟与实际井下工况一致的流体压力/压差、地层温度和裂缝长度与开度。

由于要在高温高压下工作，大多数实验装置都采用钢板模拟平行[181]或楔形[182-184]裂缝。楔形裂缝与井周裂缝的宏观几何外形是一致的。因为漏失发生时，井周裂缝会在较高的钻井液压力下被撑开，宏观上表现为楔形。由于裂缝会在远离井筒的地方趋于闭合，因此楔形在一定程度上代表了裂缝的长度[185]。而为了模拟岩石裂缝面的粗糙特性[74]，部分实验装置采用了如图1-3-9所示的粘砂[185-187]或者刻槽[188]等手段来增加裂缝流动空间的非规则性。但实际岩石裂缝形貌更加复杂和多样化，采用粘砂、刻槽只能够在一定程度上表现粗糙裂缝流动空间的不规则特征，但其裂缝流动空间与实际裂缝仍存在一定的区别。

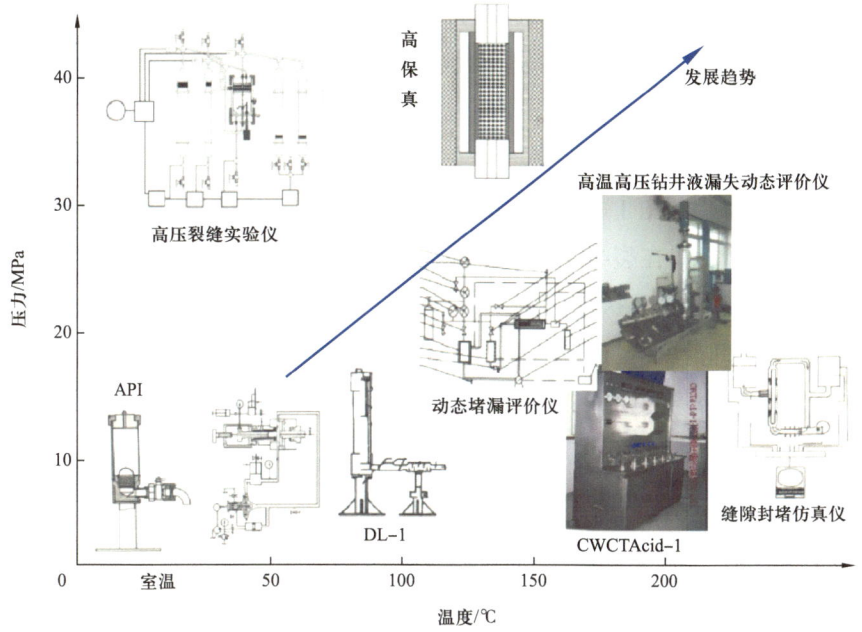

图 1-3-8 钻井液堵漏评价仪发展方向[179]

(a) 粘砂的钢板[187]　　　　(b) 刻有凹槽的钢板[188]

图 1-3-9 通过粘砂或刻槽来模拟实际岩石裂缝的非规则形貌

贾利春等[189]研制了岩心压裂实验装置,首先在大尺寸水泥砂浆岩心中采用水力压裂形成诱导裂缝,随后开展堵漏模拟实验。通过检测整个过程中的流体压力判断裂缝的开启和封堵情况。实验结束后将岩心展开观察后发现,堵漏颗粒并未铺满整个裂缝面,而只是在裂缝内某些部位堆积分布。特别是在裂缝面发生扭曲变形的部位颗粒堆积现象更为明显,这表明堵漏颗粒易于在裂缝面扭曲变形的位置形成封堵。

Razavi 等[190]采用了类似的实验装置,在砂岩岩心上压裂出诱导裂缝后开展封堵实验,随后制作铸体薄片。这样避免了展开岩心时堵漏材料的位置发生变化。其实验后的岩石薄片观察结果表明作为封堵材料的石墨颗粒主要分布在裂缝尾部而不是喉部。

虽然可以在封堵实验完成后将钢板或岩心打开[180,186,188,189,191]或者制作铸体薄片从而对封堵颗粒进行观察[190],并且个别实验装置可以通过测量不锈钢裂缝缝板不同位置电阻率的变化来分析封堵区的形成过程和形成位置[192]。但仍然无法对封堵颗粒在裂缝中的运移、架桥和堆积过程进行实时观测。

而李之军[185]采用如图1-3-10所示的光滑透明有机玻璃板模拟楔形裂缝,直接观察到了不同尺寸的封堵材料在裂缝中架桥位置的差异。同时裂缝封堵效果并不受封堵材料累计粒度分布 $D50$ 和 $D90$ 单一因素影响,而是受两者共同影响。此外他还在裂缝壁面上用美工刀刻槽来模拟实际裂缝壁面的粗糙特性,实验结果发现采用相同的封堵材料配方,具有粗糙壁面的裂缝更容易被封堵,且封堵后所形成的封堵区更加牢固。

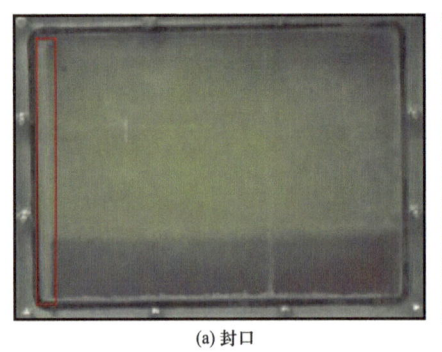
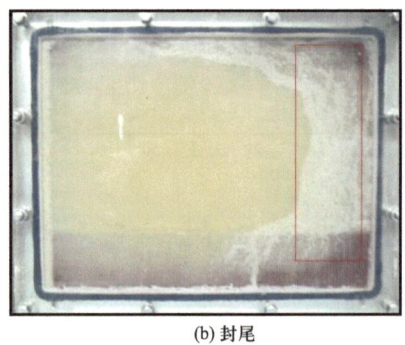

(a) 封口　　　　　　　　　　　　(b) 封尾

图1-3-10　不同尺寸的封堵材料在裂缝中架桥位置的差异[185]

而在岩石裂隙流体力学的研究中,大量学者[192-197]为了实时观测岩石裂缝中的流体流动情况,采用如图1-3-11(a)所示的透明树脂在岩石裂缝面上浇筑固化制作透明裂缝缝板,这一过程被称为倒模。而为了获取形貌与实际岩石裂缝面一致的裂缝缝板,通常需要倒模两次。即第一次在岩石裂缝面上倒模制作阴模,其形貌与实际岩石裂缝面形貌互补。而第二次在阴模的表面上倒模制作阳模,从而保证复制得到的形貌与实际岩石裂缝保持一致。

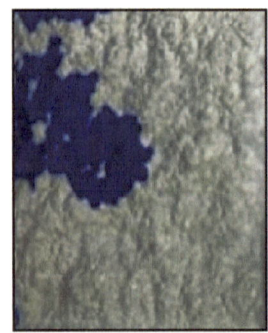
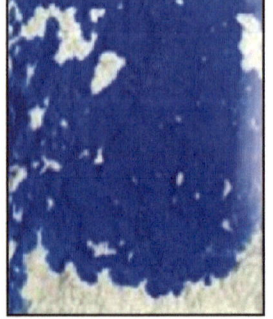

(a) 透明树脂裂缝倒模　　　　　(b) 可视化实验观察到的裂缝流动过程

图1-3-11　透明树脂裂缝倒模与实验现象[194]

但由于透明树脂在固化的过程中会发热膨胀随后冷却收缩,会有一定程度的尺寸缩小及翘边情况。因此倒模制作出的透明裂缝缝板与实际岩石裂缝形貌也具有一定的差异。但这使开展粗糙裂缝固相两相流动可视化流动研究变为可能。

Raimbay 等[198, 199]与 Huang 等[200-202]采用透明树脂在岩石裂缝面上倒模制作具有粗糙裂缝形貌的缝板,用于开展可视化实验并观察到了如图 1-3-12 所示的支撑剂在粗糙裂缝中的铺置过程,对沙堤的出现、生长过程,并对支撑剂颗粒的运移方式进行了描述。由于支撑剂的尺寸数倍小于裂缝开度,因此支撑剂主要是在重力的作用下发生沉积而滞留在裂缝中,而不是因为发生了颗粒架桥。

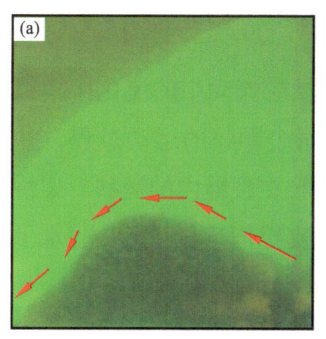 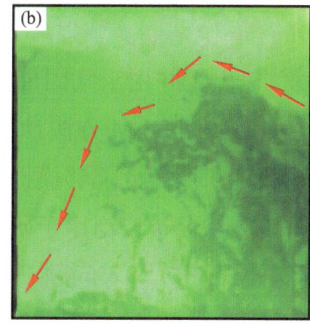 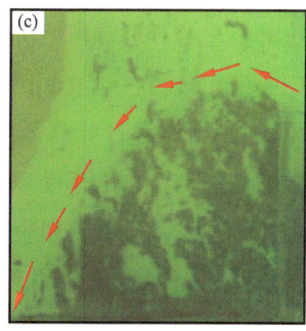

图 1-3-12　支撑剂形成沙堤的过程

此外,石秉忠等[203]采用高精度激光刻蚀工艺技术,在钢化玻璃上刻蚀微米级的裂缝并开展了裂缝封堵实验。如图 1-3-13 所示,该装置的裂缝开度仅沿着裂缝长度发生变化,而在裂缝高度上是一致的,实质上是将二维裂缝直接拉伸为三维裂缝。

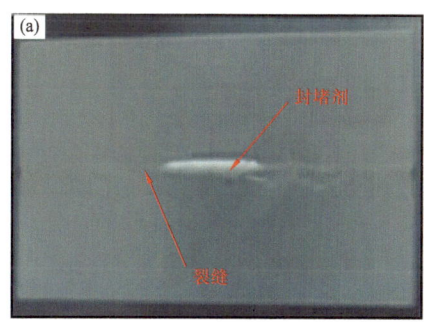 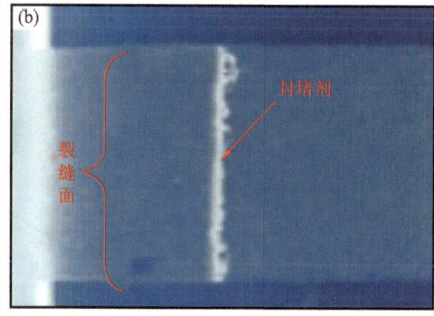

图 1-3-13　通过激光刻蚀玻璃制作的透明裂缝缝板[203]

以上实验装置与实验方法中,常规裂缝封堵实验装置由于无法进行实时观测,因此难以对封堵颗粒在粗糙裂缝中的架桥机理开展研究。采用透明有机玻璃、透明树脂浇筑及刻蚀玻璃制作粗糙裂缝缝板,为研究封堵颗粒在粗糙裂缝中的架桥机理提供了实验研究基础,但仍需要进一步改进和完善。

2. 裂缝流固耦合流动数值仿真研究

封堵颗粒在裂缝内的运动属于固液两相流问题,其数值仿真方法主要有双流体模型(Two Fluid Model,以下简称 TFM)、离散相模型(Discrete Phase Model,以下简称 DPM)和计算流体力学与离散元耦合方法(Computational Fluid Dynamics-Discrete Element Method,以下简称 CFD-DEM)。

TFM 将颗粒视为连续介质,能够表现颗粒的重力沉积过程,因此被用于模拟支撑剂运移[204]。但颗粒被视为连续介质后能够像流体一样通过裂缝内任意位置,所以无法考虑架桥过程。而 DPM 则认为颗粒是稀疏相,不考虑颗粒之间的碰撞和堆积过程。因此这两种方法都不适合开展颗粒架桥研究。

CFD-DEM 方法由 Tsuji 等[205]提出,并用于气固催化反应流动中的流化床模拟。其采用常规 CFD 方法计算流体的运动,采用 DEM 方法计算每个颗粒的运动过程,并同时将颗粒的运动与流体的运动双向耦合起来。因此能够模拟颗粒在裂缝内的运移、架桥和堆积过程,但也更消耗计算机资源。该方法已被广泛用于研究支撑剂运移[206-216]、水平井井眼清洁[217,218]和井周岩石孔隙固相侵入[219-221]等问题。

王贵[186]和夏才初等[222]采用 PFC3D 商业软件,基于 CFD-DEM 方法研究了不同尺寸和形状的颗粒在 Z 形平板裂缝中的封堵过程,开创了采用数值仿真研究颗粒封堵裂缝过程的先河。如图 1-3-14 所示,在其仿真中颗粒仅以单颗粒进行架桥封堵,且不规则颗粒对裂缝的堵塞深度相对球形颗粒较浅。但其仿真中采用的 Z 形平板缝的形貌与粗糙裂缝依然存在一定的差别,同时对于颗粒在裂缝中的架桥机理没有开展进一步的研究。

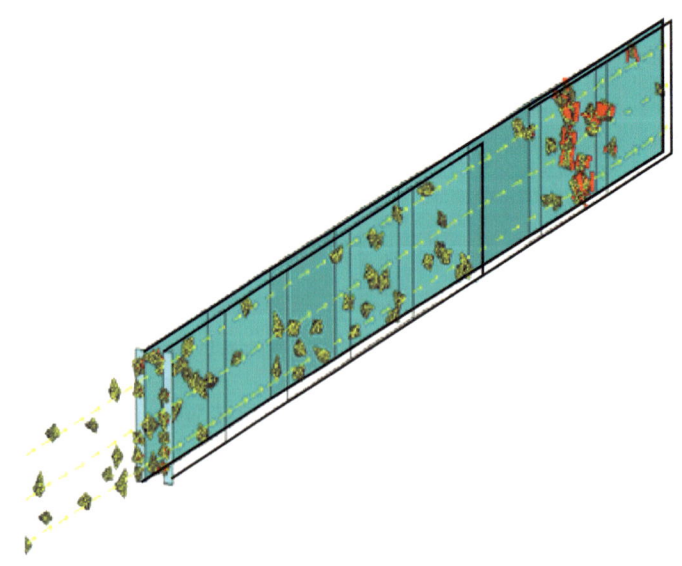

图 1-3-14 不规则颗粒在裂缝中的运移与架桥过程[186]

Tomac 等[213]采用 PFC2D 离散元模拟软件，对支撑剂在迂曲裂缝中的运移开展了二维 CFD-DEM 数值仿真。如图 1-3-15 所示，由于裂缝开度明显大于支撑剂颗粒的尺寸，因此没有观测到颗粒架桥行为。

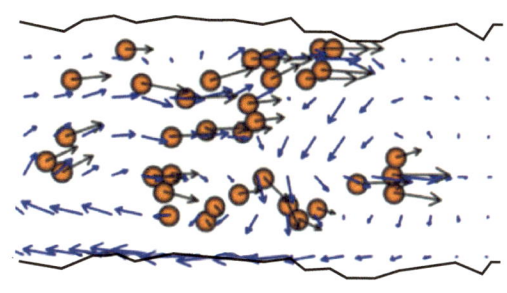

图 1-3-15 支撑剂颗粒在粗糙裂缝中的运移[213]

冯一[214]运用 CFD-DEM 仿真方法模拟了如图 1-3-16 所示的单一尺寸固相颗粒在真实裂缝流动空间内的运移、架桥和堆积过程，得到了在封堵过程中流场、压力与漏失速率之间的变化规律，获得了颗粒尺寸等因素对其封堵结果的影响。

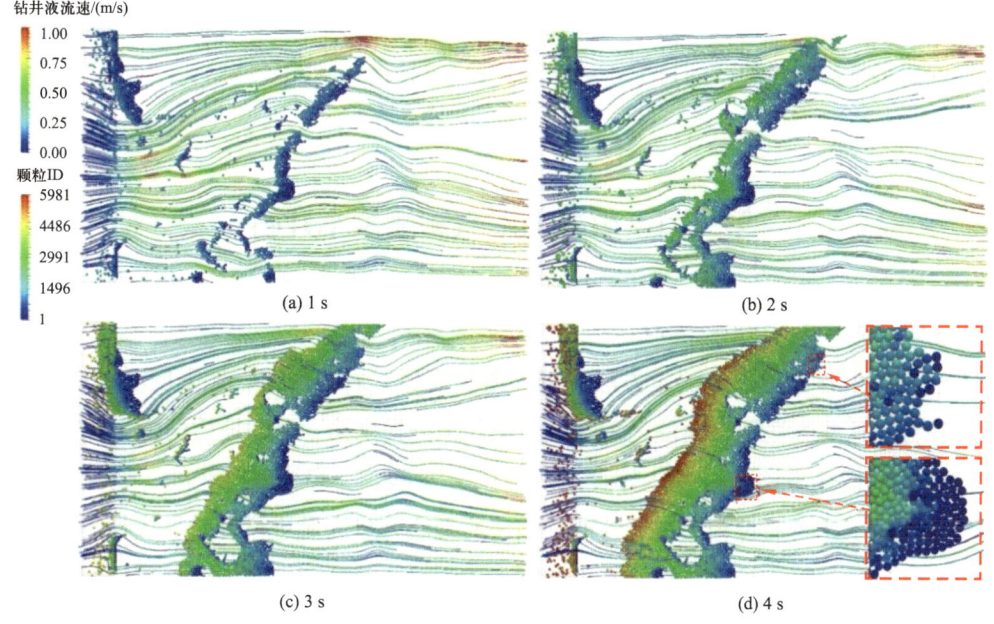

图 1-3-16 颗粒在裂缝中的架桥与堆积过程[214]

综上所述，CFD-DEM 方法为从数值仿真上深入研究封堵颗粒在粗糙裂缝中的运移机理提供了可能。

第二章 裂缝流动空间结构特征获取与描述方法

裂缝空间由一对粗糙的裂缝面构成，裂缝的力学特性以及渗流特性都直接和其两个粗糙表面特性有关，天然岩石裂缝表面一般都具有极其复杂的几何形态。

为了对地层裂缝空间特性进行定量研究，需要对裂缝粗糙表面特征进行较为细致的测量和描述。本章采用高精度非接触扫描获取岩石裂缝的不规则表面形貌及流动空间，并采用分形维数定量描述流动空间特征，最后对裂缝空间类型进行了讨论。

第一节 裂缝面形貌测量技术介绍

一、石油工程中的测量方法

石油工程中常见的裂缝测量方法有野外露头观测、岩心观测、地震反演、成像测井、试井解释等。这些方法能够为油气藏开发和钻井工程提供第一手的地质资料。

野外露头观测方法是一种比较直观的考察裂缝形态、裂缝发育程度、裂缝延展特征的方法。地质工作者通过相关裂缝性油气储层的地质背景区域进行针对性统计裂缝分布规律，在野外通过直接测量天然裂缝露头的宽度、裂缝长度、裂缝与裂缝之间的间距、裂缝充填情况、裂缝倾角及方位、裂缝密度等相关基础参数。

岩心观测是通过钻井取出需要测量和研究对应层位的岩心进行室内观测实验。但通常只有部分井才会在井下取心，且裂缝钻遇率比较低，难以获得足够多的研究样本。

成像测井技术是观测井下裂缝最常用也是最直接的方法。微电阻率成像测井[215]通过微电阻率的变化来预测裂缝、断层或者井壁破损，并且通过微电阻率的变化能够得到井壁附近岩石基本物性参数，对于裂缝的基本信息包括裂缝宽度、裂缝闭合度、裂缝形态、裂缝位置与密度等均能够有效识别出来。声波成像测井[216]通过对反射波进行偏移处理，得到的井壁附近裂缝形态特征如图 2-1-1 所示。双侧向测井响应数值模拟技术[217]能够判断裂缝倾角，估算其为高角度裂缝或者是低角度裂缝，通过双侧向测井电阻率的升高及降低来判断裂缝尺度的大小，双侧向测井响应模型的建立能够获取裂缝基本参数，包括裂缝宽度、裂缝密度、裂缝闭合程度等。

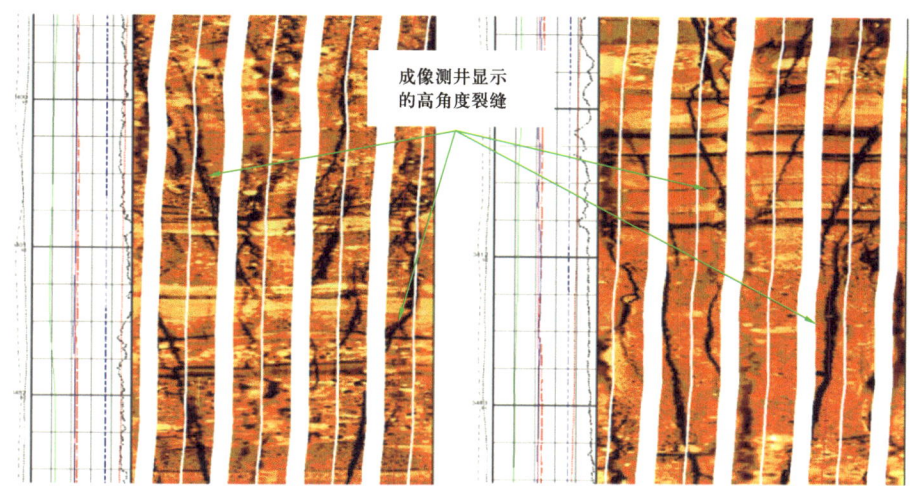

图 2-1-1 成像测井显示的井周裂缝[216]

以上方法受限于客观条件，仅能给出裂缝端面的大致开度，获取的信息量有限且精度较低，难以对裂缝内部形貌进行描述。而在岩石力学研究领域，裂缝形貌对裂缝流动能力及裂缝岩体的法向和切向变形行为的影响引起了大量学者的注意，裂缝面测量方法借此得到了进一步的发展。

二、破坏式测量方法

较早使用的方法为破坏式测量方法，如谢和平等[84]将断裂表面涂上碳，通过研磨得到裂缝面上一系列的等高线来获取裂缝形态结构。这类方法最大的缺点就是工作量大，并且会损害裂缝表面形态特征。

三、接触式测量方法

为了不损害裂缝形貌特征又能够方便获取裂缝表面粗糙数据，研究者们又提出了接触式测量方法[36]。接触式测量方法所采用的表面轮廓测量仪是一种精密的、自动化程度高的三维坐标测量设备。该仪器由一个较精确的定位系统、数据采集系统和一个探针构成。探针的尖端用碳化钨合金做成椭球状，其直径一般都只有几十微米。测量时探针与表面接触，当沿一个给定的方向拖动探针时，就可以记录相应位置的物体表面高度值。其优点是精度极高，可以达到亚微米级。但由于探针必须与裂缝面发生接触，因此容易产生划痕或者探针断裂。同时由于探针可能被裂缝的凸起阻挡，有时无法测量裂缝面上的内凹面。此外探针必须依次经过整个裂缝面才能获取完整的裂缝面形貌数据，因此效率较低。

四、非接触式测量方法

前面介绍的方法各具局限性，因此人们开始进一步探寻非接触式扫描技术。首先被采用的是计算机断层扫描技术（Computed Tomography，以下简称 CT）扫描[87, 218]，这种方法使用CT环绕扫描含裂缝岩块，获得等间距的剖面图，再利用计算机处理系统经过叠加得到含裂缝岩块的三维模型。CT扫描的精度与扫描区域的尺寸有关。对于尺寸为毫米级别的样品，其具有微米级的精度，且相邻数据点（像素点或体素点）的距离也是微米级，能够提供非常丰富的局部信息。

如图2-1-2所示，冯一[218]对岩石裂缝面上的微凸体取样后开展了CT扫描，获取了裂缝面局部形貌即岩石内部的微观孔隙结构，其扫描精度和数据间距均为5um左右。CT扫描的扫描区域通常为立方体或者圆柱体，而岩石裂缝通常较为狭长，因此扫描数据中会包含许多无关区域。同时CT扫描的数据量庞大，且三维重构计算费时，费用也比较昂贵。

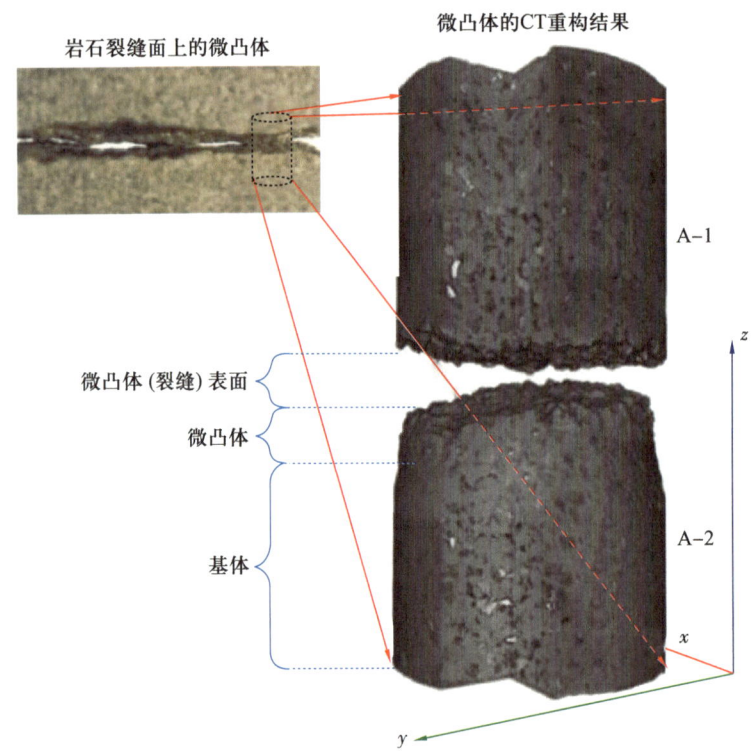

图2-1-2　岩石裂缝面与微凸体CT重构结果[218]

如图2-1-3所示，王怀文等[219]采用扫描电子显微镜，从不同角度对一侧裂缝面进行扫描，经过特征点匹配和计算后重构出裂缝面的三维形貌。但受扫描电子显微镜扫描样品尺寸的限制，所获取裂缝形貌的面积十分有限。

随着光学测量技术的发展，大量的学者[86, 220-224]通过激光、可见光扫描等方法获取裂缝表面的三维数据。典型的激光光源测量系统如图2-1-4所示，其基于三角反射式原理，其特点是抗干扰能力强，精度较高，但数据采集过程较为漫长。

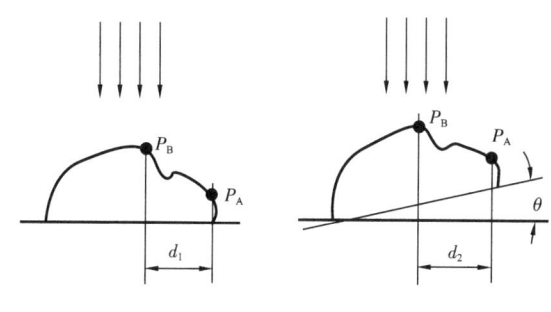

(a) 从不同角度对岩石裂缝面开展扫描　　(b) 重建得到的裂缝面等高线图

图 2-1-3　扫描电镜获取岩石裂缝面形貌[219]

相比激光光源测量系统，可见光光源测量系统的扫描精度虽然有一定程度的下降，但其扫描效率却远远高于激光光源测量系统。如本书采用的结构光扫描系统，其单次扫描时间不足 10 s，大大提高了扫描效率。下文对结构光扫描系统进行介绍。

五、结构光扫描系统

本书所采用的结构光扫描系统，根据设置的不同，具有 100 mm×75 mm、200 mm×150 mm 和 400 mm×300 mm 三种单次扫描区域尺寸。通过拼接还可以完成更大尺寸物体的扫描工作。每次扫描都会生成 $130×10^4$ 个点云，而根据所选取的单次扫描区域尺寸的不同，以及扫描系统与被扫描物体之间距离的不同，点云间距和扫描精度也会随之变化。

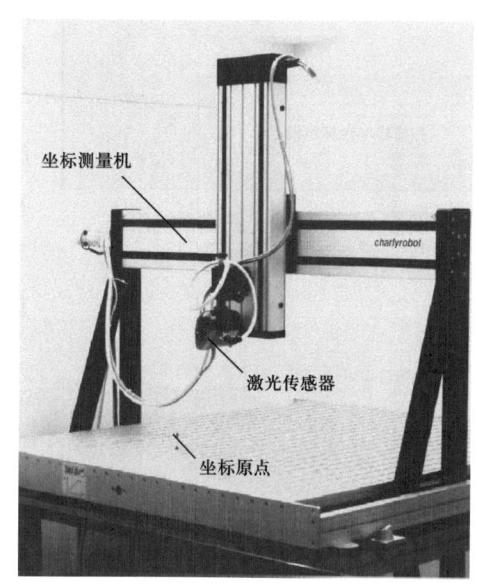

图 2-1-4　激光测量系统[221]

点云间距代表了扫描获得的裂缝形貌数据的丰富程度，其范围为 80~320 μm。扫描精度代表了点云数据与实际物体尺寸的偏离程度，范围为 10~20 μm。在后文中的每次扫描都会单独指明点云间距和扫描精度。根据研究对象尺度的不同，扫描设备的技术参数要求也随之不同。本书研究的岩石裂缝，其表面微凸体尺寸和起伏度约为几毫米，而裂缝局部开度为数百微米。因此采用结构光扫描系统能够获取足够多的点云数据以描述裂缝面的起伏特征，并且能够满足裂缝流动空间重构的精度要求。

结构光扫描系统的结构如图 2-1-5 所示，测量系统主要由位于中心的投影仪、两侧的双目摄像头相机、三种尺寸的标定板、计算机等组成。

结构光扫描系统采用了光学位相测量轮廓术[225]，以测量投影到物体上的变形条纹像的

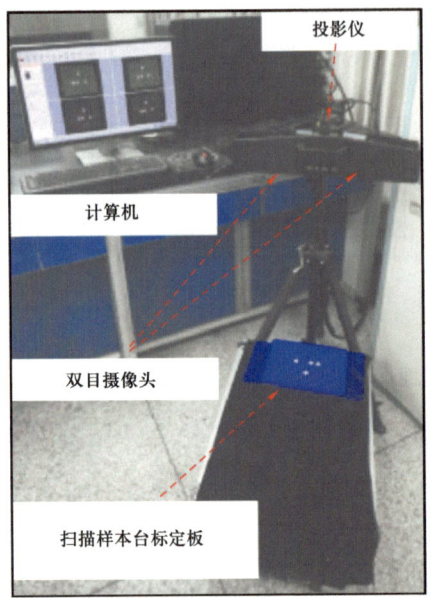

图 2-1-5 结构光扫描系统组成

相位为基础,通过相位与高度的映射关系得到被测物体的三维形貌。

如图 2-1-6(a)所示,每次扫描都会由投影仪投射一组平行的光栅条纹,即结构光。如图 2-1-6(b)所示,平行的光栅条纹如果投射在不同角度的平面上将会发生一定程度的倾斜,但仍将保持平行。但投射在曲面上每条条纹都将会发生不同程度的扭曲变形。结构光扫描系统正是通过双目摄像头检测光栅条纹的扭曲变形程度来测量物体表面的起伏程度。

由于扫描系统无法对扫描盲区进行测量,在最终扫描结果上表现为没有点云数据的空白区域,即孔洞。而激光扫描系统通常只能从一个固定角度发射激光光源,岩石裂缝面扫描结果中可能会包含大量孔洞。

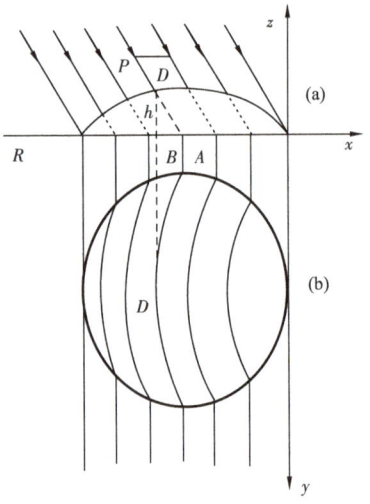

(a) 投射到扫描物体上的光栅条纹　　(b) 平行光栅条纹的变形[225]

图 2-1-6 光学位相测量轮廓术测量示意图

同时所投射的光栅条纹的数量和粗细也将会随时间变化,从而将扫描物体标记和划分为不同的区域,即光编码过程[226]。在完成光编码之后,原本连续的光栅条纹便被系统转化为离散的点云。结合系统对光栅变形程度的测量和计算,即可得到每个点云的空间坐标数据。如图 2-1-7 所示,常见的光编码方法有二值编码、格雷编码和 n 值编码。

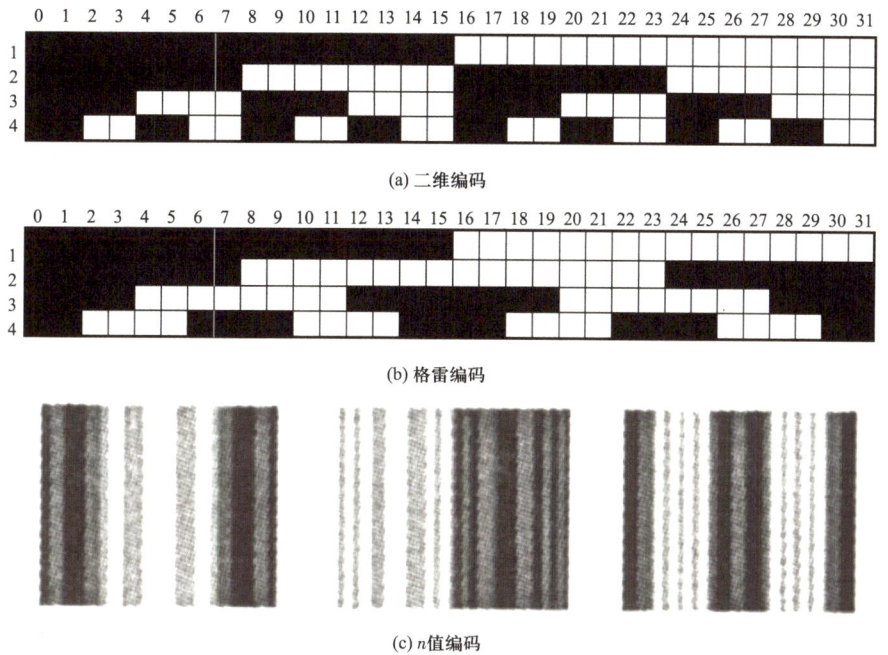

(a) 二维编码

(b) 格雷编码

(c) n 值编码

图 2-1-7　不同的光编码方式[226]

以上过程所获取的空间坐标数据只是点云之间的相对位置，而不是物体的实际尺寸。而在每次扫描前，会有一个严格的标定过程。标定过程通过扫描几何尺寸已知的如图 2-1-8 所示的标定板，获取空间缩放参数[227]。随后每次扫描所获取的相对位置数据都将通过缩放转化为实际尺寸数据。标定板作为扫描数据的唯一基准，具有非常高的制作精度。在 $-20 \sim 40$ ℃ 的工作温度范围内，标定板的几何尺寸几乎不受外界温度影响。

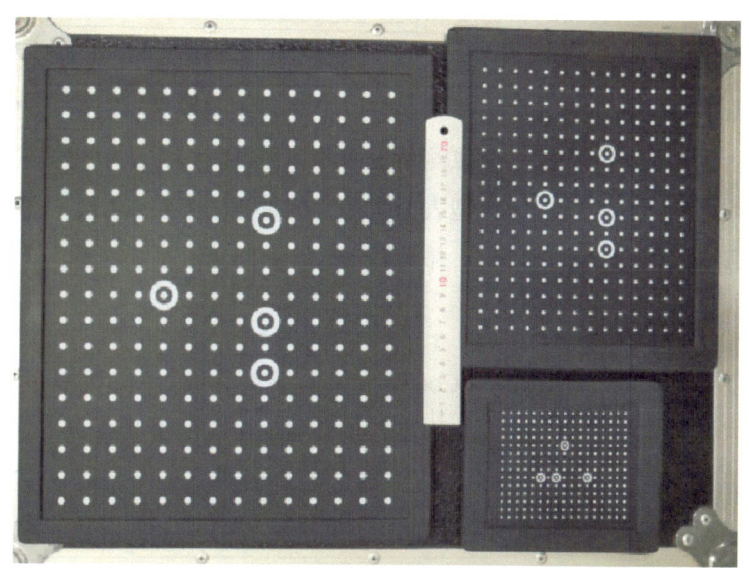

图 2-1-8　结构光扫描系统的三种尺寸的标定板

第二节 裂缝面形貌定量描述指标介绍

裂缝不规则流动空间的描述参数众多,主要分为几何参数、统计学参数和分形参数,其中常用参数有三个,即粗糙度、节理粗糙度系数和分形维数。

一、粗糙度

1. 粗糙度的简介

粗糙度指标来自机械加工,用于表征零件加工面的平整度。粗糙度在工业领域一般指表面粗糙度,即加工后零件表面的小间距、小波峰和小波谷的表面粗糙度。表面越光滑,则表面粗糙度越小。

2. 计算或测量方法

1)比较法

比较的方法简单易行,常被应用于测量中等或粗糙表面。该比较方法主要是通过将被测粗糙表面与标有一定误差值的中等或粗糙度样本误差值进行定量比较,比较时可以采用的方法有目测和使用放大镜、显微镜。

2)触针法

采用金刚石探针在被测金刚石表面缓慢地滑动,通过便携式电示仪上的长度传感器将被测金刚石长度通过探针的上下长度位移转换为电信号。经放大、滤波、计算后,用便携式显示仪表自动显示被测表面的粗糙度和误差值。

3)干涉法

利用光波干涉原理将被测表面的形状误差以干涉条纹图形显示出来,再将这些干涉条纹的微观部分由显微镜放大高倍数获取测量表面的粗糙度。该方法中使用的表面粗糙度测量工具称为干涉显微镜。传统的触针型表面粗糙度测量方法容易刮伤工件表面,光学测量表面粗糙度的方法可以克服这一缺点,并具有较高的纵向分辨率。

二、节理粗糙度系数

节理粗糙度系数(Joint Roughness Coefficient,以下简称JRC)由挪威学者Barton等[39]提出,是描述岩体结构面表面粗糙起伏形态对抗剪强度影响的经验系数,它可用来描述裂缝流动空间的几何特征。计算节理粗糙度系数的关键参数有三个,最早用来测定JRC的方法是将实际节理与Barton等[39]提出的10条标准粗糙节理剖面对比,通过人工目测实际岩石节理与哪条标准剖面相似,然后由研究人员给出大致的JRC值。自Barton提出结构面粗糙度概念并将其纳入剪切强度模型之后,粗糙度系数的计算方法一直是数十年来许多学者的研究热点,发展出了众多的计算方法。

严豪[228]对JRC计算的常用公式进行了总结。总的来说,JRC的计算方法多种多样,总的趋势是由二维到三维。JRC描述的是裂缝表面的粗糙程度,对于研究裂缝流动空间的几何特征有一定的作用,但其有一定的主观性,相比于分形维数不够先进。

三、分形维数

1. 分形维数简介

分形维数被誉为大自然几何学的分形(Fractal)理论[229],分形维数被称为自然几何的分形理论,是现代数学的一个新分支,但其本质是一种新的世界观和方法论。它认识到空间维度的变化可以是离散的,也可以是连续的,从而扩展了视觉。分形维数反映了不规则的物体所占空间的有效性,是衡量不规则物体不规则性的一个尺度;与动力系统的混沌理论相辅相成;在某些条件下或在某些过程中,世界局部在某些方面(能量、信息、结构、功能、时间、形式等)可能与整体相似。

分形几何是一种以不规则几何形状为研究对象的几何。不规则几何形状的程度可以通过分形维数来表征。根据分形几何学的理论,曲面的尺寸介于二维平面和三维实体之间,即分形尺寸介于2~3之间。分形尺寸越大,曲面和曲面的不规则性就越大,弯曲变化越剧烈。曹海涛[230]采用单一分形理论和多重分形理论研究了裂缝空间特征对裂缝导流能力的影响,发现分形维数可以更加直观地描述裂缝流动空间的几何特征。粗糙度和节理粗糙度系数更多的是反映物体的二维特征,而分形维数反映的是物体的三维空间形态特征,因此分形维数能更加直接地反映出裂缝内部流动空间特征。

分形维数的计算方法有很多,1975年,美籍法国数学家曼德尔布罗特出版了分形几何学的第一部著作《分形、形、机遇和维数》,因此他提出了分形维数的概念,立即将维数的性质划分为形状集,称之为分形维数。在1986年曼德尔布罗特这样描述它:分形是由部分组成的形状,每个部分在某种程度上与整体相似,具有自相似性和尺度不变性。分形可分为规则分形和随机分形,分形维数又分为相似维数、容量维数、盒维数、信息维数、相关维数和广义维数。分形维数的计算方法有多种多样,有标尺法,半方差法,根据功率谱密度求分维数。目前,立方体覆盖法被广泛用于计算表面的分形维数。该方法是纯几何意义上的计算方法,计算结果准确可靠。本书所研究的分形维数用的也是这种方法,除了这些方法以外还有许多其他方法计算分形维数。下面将介绍立方体覆盖法。

2. 分形维数计算方法

采用立方体覆盖法[231]求裂缝面分形维数的过程为:采用式(2-2-1)不断改变立方

体边长，并计算所需的立方体个数，分别对立方体边长和立方体个数取对数，并绘制在坐标图上，直线斜率的相反数即为分形维数。

$$\begin{cases} \ln N(\delta) = \ln c - D\ln\delta \\ N(\delta) = \sum_{i=1}^{N_x-1}\sum_{j=1}^{N_y-1} N_{i,j} \\ N_{i,j} = INT\left\{\dfrac{1}{\delta}\Big[\max\big(W(x_i, y_j), W(x_{i+1}, y_j), W(x_i, y_{j+1}), W(x_{i+1}, y_{j+1})\big) - \min\big(W(x_i, y_j), W(x_{i+1}, y_j), W(x_i, y_{j+1}), W(x_{i+1}, y_{j+1})\big)\Big] + 1\right\} \end{cases} \quad (2-2-1)$$

式中　δ——立方体边长，mm；

　　　D——分形维数；

　　　N_x——沿 x 轴方向扫描点的数量，个；

　　　N_y——沿 y 轴方向扫描点的数量，个；

　　　c——常数；

　　　$N(\delta)$——立方体边长为 δ 时，覆盖整个粗糙面所需的立方体的数量，个；

　　　$N_{i,j}$——覆盖第（i, j）个局部粗糙面所需的立方体数量，个；

　　　$W(x_i, y_j)$——裂缝中 $x=x_i$，$y=y_j$ 所在点的开度，mm；

　　　INT——取整函数。

下面是计算裂缝流动空间的分形维数的步骤：

（1）找裂缝主平面和裂缝数据边界。

（2）在裂缝主平面上建立坐标系，比如 x 轴和 y 轴在裂缝主平面上，且和裂缝数据边界（比如是一个长方形）平行。

（3）根据裂缝的最高点和最低点，计算一个裂缝厚度。

（4）基于裂缝数据边界和裂缝厚度，形成一个立方体。

（5）在该长方体内不断划分不同边长（d）的盒子，计算被裂缝数据点所占据的盒子的数量（N）。

（6）统计不同边长下的盒子数，取对数，画线求斜率，得到斜率的相反数就是分形维数。编程的流程图如图 2-2-1 所示。

通过运用 Python 来编程计算裂缝流动空间的分形维数，采用的原理方法是立方体覆盖法[231]，下面计算分形维数的程序都基于这个原理方法进行编程。通过错动裂缝面后所得到的裂缝开度数据，运用 Python 来实现用于计算分形维数的盒子数，其中最关键的步骤就是编程统计裂缝流动空间所占据的盒子数和盒子的边长。

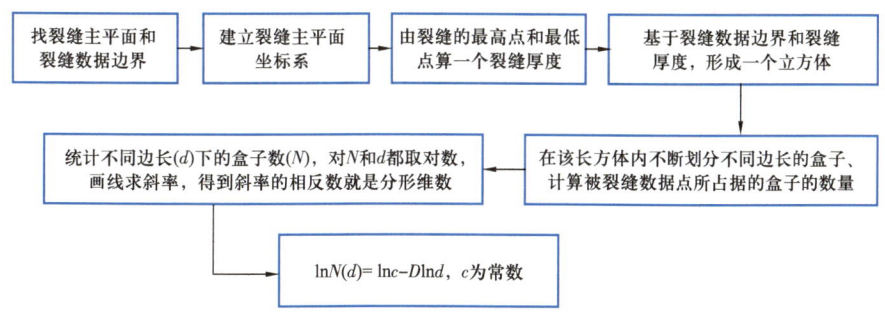

图 2-2-1 编程计算分形维数的流程图

计算裂缝流动空间分形维数的核心代码如图 2-2-2 所示，运行其中一个裂缝面数据所得到的结果如图 2-2-3 所示。通过程序运行得到裂缝流动空间所占据的盒子数和盒子的边长，再通过取对数的方法，画线求斜率，图中所得到的斜率的相反数就是分形维数。

```python
import xlrd
import numpy
##读取裂缝空间数据的excel表
data = xlrd.open_workbook('C:\\xxx5.xlsx')
table = data.sheets()[0]
##读取裂缝空间数据的关键参数
ncols=int(table.cell(0,1).value)
nrows=int(table.cell(1,1).value)
dcol=table.cell(4,1).value
drow=table.cell(5,1).value
dmin=max(dcol,drow)
##建立裂缝空间数据数组
FractureAperture = numpy.zeros((ncols,nrows),dtype=numpy.float64)
for i in range(0,ncols-1):
    for j in range(0,nrows-1):
        FractureAperture[i][j]=table.cell(7+j,i).value
##print(FractureAperture[8][8])
##确定盒子外围尺寸:0.95倍裂缝最小边长
dmax=min(dcol*(ncols-1)*0.95,drow*(nrows-1)*0.95)
##确定盒子外围起点坐标
x0=ncols*dcol/2-dmax/2
y0=nrows*drow/2-dmax/2
z0=-dmax/2
##立方体盒子覆盖法计算分析维数LnN(σ)=LnC-DLnσ
times=1##计算次数,初始为1
BoxCellNumPerEdge=2**(times-1)##盒子每条坐标轴上有几个小单元,初始为1
BoxSize=dmax/BoxCellNumPerEdge##每个小单元的边长,初始为dmax
while BoxSize>1.2*dmin:
    ##用三维数组代表盒子,初始状态归零
    Box=numpy.zeros((BoxCellNumPerEdge,BoxCellNumPerEdge,BoxCellNumPerEdge),dtype=int)
    ##历遍数据点,计算对应的盒子编号,看在没在某个盒子里面
    for i in range(0,ncols-1):
        for j in range(0,nrows-1):
            px=i*dcol
            py=j*drow
            if px>=x0 and py>=y0 and px<=(x0+dmax) and py<=(y0+dmax):
                Box[int((px-x0)/BoxSize),int((py-y0)/BoxSize),int((FractureAperture[i][j]-z0)/BoxSize)]=1
    print('第',times,'次计算,盒子边长为',BoxSize,',  被裂缝空间数据占据的盒子数量为',numpy.sum(Box))
    times+=1
    BoxCellNumPerEdge=2**(times-1)##盒子每条坐标轴上有几个小单元,初始为1
    BoxSize=dmax/BoxCellNumPerEdge##每个小单元的边长,初始为dmax
print('程序结束')
```

图 2-2-2 运用 Python 编程计算分形维数的核心代码

```
In [20]: runfile('C:/Users/JINKU/.spyder-py3/temp.py', wdir='C:/Users/JINKU/.spyder-py3')
第 1 次计算,盒子边长为 47.49999999999998 , 被裂缝空间数据占据的盒子数量为 1
第 2 次计算,盒子边长为 23.74999999999999 , 被裂缝空间数据占据的盒子数量为 4
第 3 次计算,盒子边长为 11.874999999999995 , 被裂缝空间数据占据的盒子数量为 17
第 4 次计算,盒子边长为 5.937499999999991 , 被裂缝空间数据占据的盒子数量为 107
第 5 次计算,盒子边长为 2.9687499999999987 , 被裂缝空间数据占据的盒子数量为 423
第 6 次计算,盒子边长为 1.4843749999999993 , 被裂缝空间数据占据的盒子数量为 1480
程序结束
```

图 2-2-3 程序运行结果

第三节 碳酸盐岩裂缝流动空间的结构特征

一、裂缝面三维扫描与流动空间重构

本书的岩石样品均取自四川省广元市旺苍县英萃镇嘉陵江组碳酸盐岩天然露头，如图 2-3-1 所示，岩石样品的编号分别为 A1、A2、A3、A4。

(a) 碳酸盐岩裂缝样品A1

(b) 碳酸盐岩裂缝样品A2

(c) 碳酸盐岩裂缝样品A3

(d) 碳酸盐岩裂缝样品A4

图 2-3-1 嘉陵江组碳酸盐岩样品

利用结构光扫描系统扫描裂缝岩石样品，首先将标志点贴在天然裂缝样品的周围（图 2-3-2），当光学系统能够全面覆盖整块样品的时候，通过反复扫描记录就能够得到裂缝样品的全部数据，当光学系统不能完全覆盖裂缝样品时，能够通过标志点拼接的方法还原裂缝样品的形态特征。

本实验样品在光学系统的扫描范围内，对实验仪器进行校准后，将样品尽量放在相同的参考平面上进行测量，移动光学扫描仪器的光束，将光束调整到能够覆盖裂缝样品的整个区域内，扫描系统能够自动通过标志点记录岩石上的方位，通过记录的岩石样品标志点，光学扫描系统进行反复的扫描与记录，将整块岩石样品的表面数据记录下来，采用逆

向工程的方法进行点云数据处理,获得扫描裂缝岩石表面整体形态特征(图2-3-3)。

现在只是获取了岩石样品表面的数据,然而裂缝内的数据才是研究的重点,标志点是裂缝空间三维重构的基准参数。将裂缝样品分开,分别将裂缝样品两个表面通过定基点、采样、离散相位、造模板、连极点、高度计算等操作步骤进行测量,得到点云数据,采用逆向工程的方法进行点云数据处理,获得扫描裂缝表面的形态特征(图2-3-4和图2-3-5)。

图2-3-2 贴满标志点的天然裂缝样品

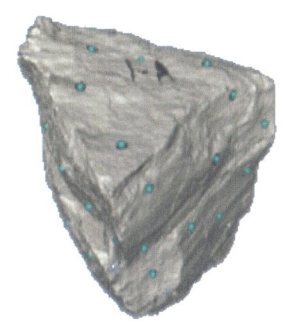

图2-3-3 扫描获得岩石裂缝的整体形态特征图

图2-3-4 天然裂缝表面样品

图2-3-5 扫描获得裂缝表面形态特征图

二、裂缝流动空间结构特征分析

通过结构光扫描系统获取裂缝粗糙表面的三维图形数据信息,得到了岩心裂缝表面的一些特征参数,然而实际的岩石裂缝是由一对粗糙裂缝面构成的,在研究裂缝动态变形的过程中,更多用到的是岩石裂缝合成表面的特征性质。对于岩石来说,只要发生断裂形成裂缝,两表面的微凸体形状就不可能保持微凸体高度的一致性;而天然裂缝还要经过各种长期的复杂的地质作用,其粗糙裂缝表面之间的相关程度与人造裂缝相比更差。岩石裂缝的各种性质与两个粗糙裂缝表面形态特征及其相关程度密切相关。因此,有必要对岩心裂缝表面数据进行处理分析。

天然裂缝样品表面为非规则表面,然而选取非规则区域进行研究往往带来计算复杂、

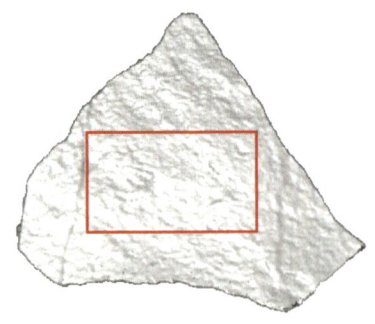

图2-3-6 切割裂缝表面区域范围
（20 mm×45 mm）

处理困难等问题，因此必须首先选取规则区域作为裂缝面上的研究对象。对裂缝表面数据进行选取处理，针对研究的需要（如图2-3-6所示的红色区域），在裂缝表面上切割出一段规则的矩形区域，将该区域作为粗糙裂缝表面的研究区域，分别切割粗糙裂缝的两个表面，切割后的文件为扫描时的原始数据，该文件叫作点云文件，分别将裂缝岩石样品A1的两个表面标记为A_{11}、A_{12}，A2的两个表面标记为A_{21}、A_{22}，A3的两个表面标记为A_{31}、A_{32}，A4的两个表面标记为A_{41}、A_{42}。

如图2-3-7至图2-3-14所示，获取x轴、y轴方向裂缝面上的所有数据点。通过计算得到裂缝面上各个微凸体的x轴、y轴的坐标值。采用MATLAB语言编程对系统获得的裂缝面上微凸体高度（h）数据进行读取，最后把扫描区域内的原始数据列阵换算成一个新的在直角坐标平面内均匀分布的高度数据列阵，即高度数据与x轴、y轴的坐标形成粗糙裂缝面微凸体相对各自基准面的高度值为$z(x,y)$。

图2-3-7 岩心裂缝A_{11}三维高度图　　　　图2-3-8 岩心裂缝A_{12}三维高度图

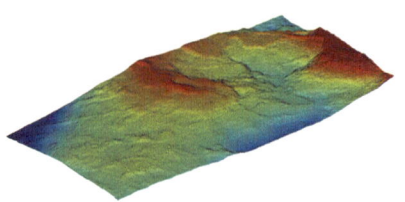

图2-3-9 岩心裂缝A_{21}三维高度图　　　　图2-3-10 岩心裂缝A_{22}三维高度图

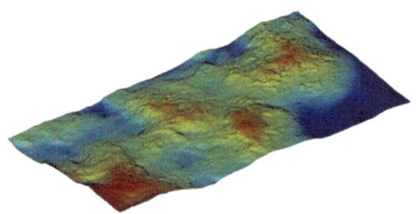

图2-3-11 岩心裂缝A_{31}三维高度图　　　　图2-3-12 岩心裂缝A_{32}三维高度图

 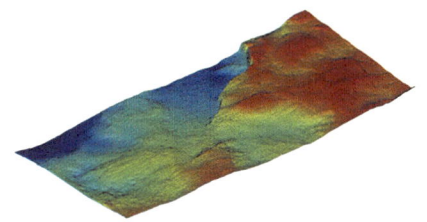

图 2-3-13　岩心裂缝 A_{41} 三维高度图　　　图 2-3-14　岩心裂缝 A_{42} 三维高度图

三、基于耦合程度的裂缝分类

值得讨论的是，实际岩石裂缝的流动空间特征不但与岩石岩性有关，还与裂缝成因、所经历的长期地质构造活动、成岩后的溶蚀改造作用，以及井下力学环境有关。但最终决定裂缝流动空间特点的是两侧裂缝的形貌是否耦合[150]。

裂缝流动空间可以看作两侧裂缝面的高度差，因此如果两侧裂缝形貌较为耦合，那么裂缝流动空间也较为规则。反之如果两侧裂缝形貌不耦合，在微凸体发生接触的区域，其开度几乎为 0，而在其他非接触区域，开度较大，因此裂缝流动空间也较为不规则。同时在实际钻井过程中，在较高的钻井液压力作用下，裂缝会被不同程度地撑开，使得裂缝流动空间整体呈楔形[9]。

因此根据裂缝面是否耦合，可以将井周裂缝分为如图 2-3-15 所示的两类裂缝。第一类为不耦合裂缝，如自支撑裂缝、不完全充填裂缝。第二类为耦合裂缝，如完全充填裂缝和诱导裂缝，以及常规裂缝封堵实验中由光滑钢板组成的规则楔形裂缝。

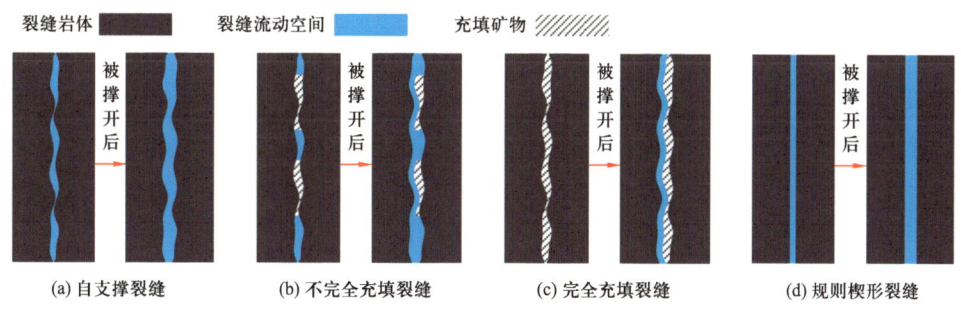

图 2-3-15　不同类型裂缝的流动空间（裂缝剖面视角）

1. 不耦合裂缝

如图 2-3-15（a）所示，自支撑裂缝是由裂缝壁面的微凸体支撑[218]，是在地应力作用下依然呈开启状态的天然裂缝。这种裂缝在形成后，可能是由于上下裂缝岩块发生了相互错动，或者是发生了明显的溶蚀改造作用，两侧的裂缝面不耦合。而裂缝壁面上相互接触的微凸体抵消了地应力和流体压力综合作用下的裂缝闭合压力，使得裂缝能保留一定的开度。

岩石裂缝在形成后，虽然可以依靠微凸体支撑而保留有一定的开度，但裂缝流动空间也可能会被方解石等矿物充填。如果裂缝没有完全被方解石充填，则会继续保留有一定的裂缝开度和流动能力，成为不完全充填裂缝。如图 2-3-15（b）所示，不完全充填裂缝在被撑开后，裂缝开度将会整体增加，但原本未充填的部分区域的裂缝开度依然明显大于被充填的裂缝区域。同理，当裂缝被撑开的程度明显超过原先未被充填区域的裂缝开度时，流动空间也将更加趋向于规则楔形裂缝。

自支撑裂缝与不完全充填裂缝内部同时含有开度为 0 的区域（微凸体接触点与充填区域）与保持开启的区域，因此其裂缝开度的最大值与最小值之差（极差），以及极差与裂缝平均开度之比（极差比）都较大。而随着裂缝在钻井液压力的作用下被撑开后，其裂缝流动空间仍然显得较为不规则，极差基本保持不变，极差比的数值逐渐缩小。但当撑开量非常大时，如裂缝开度数倍于微凸体高度或充填矿物厚度，此时极差依然基本保持不变，而由于裂缝平均开度的增大，极差比的数值将逐渐接近 0。而从宏观上看，不耦合裂缝的流动空间将更加趋向于规则楔形裂缝。

2. 耦合裂缝

对于完全充填裂缝，充填矿物可以视为两侧裂缝岩块的一部分，因此与新生成的、几乎没有发生相对错动的诱导裂缝一样，在被撑开后其两侧裂缝始终是耦合的。因此如图 2-3-15（c）所示，在裂缝剖面上的裂缝开度基本相同，因此这类裂缝的开度极差与极差比的数值始终接近 0，表明这类裂缝的流动空间与规则楔形裂缝非常接近。

根据立方定律，裂缝开度越大则流体流动阻力越小，流速越快。对于规则的平行或楔形裂缝来说，如果不考虑裂缝顶底边界的边界效应，那么流体在裂缝内的流动将是统一、规则和对称的。而实际岩石裂缝面与流动空间的不规则形貌，可能会引起裂缝内流体流动方向不断发生动态变化，从而进一步导致封堵颗粒的运移、架桥和堆积过程也出现相应的变化，这是本书的研究重点之一。

第三章　岩石裂缝宏观变形过程

研究裂缝在有效应力条件下的闭合变形规律有利于高效开发裂缝性碳酸盐岩油气储层。本章在已研究裂缝表面形态结构的基础上，综合开展了基于 CT 扫描的裂缝闭合变形实验与裂缝闭合变形数值仿真。两项研究结果均发现在裂缝闭合的初期阶段，裂缝开度将随着裂缝有效应力的轻微增加而快速减少。而在中后期阶段，裂缝开度降低速度逐步放缓，表现为较难压缩。

第一节　CT 获取岩石裂缝闭合过程

一、CT 观测实验方法

如图 3-1-1 所示，裂缝闭合 CT 观测实验系统主体为一个非常规岩心夹持器。该岩心夹持器的另一端接有加压系统，可向圆柱体含裂缝岩心施加最高达 25 MPa 的围压。通过加压系统向裂缝岩心施加不同程度的围压，同时利用 CT 扫描系统扫描夹持器中心部位的裂缝岩心，便可获取岩石裂缝在不同围压下的内部空间及开度变化规律。

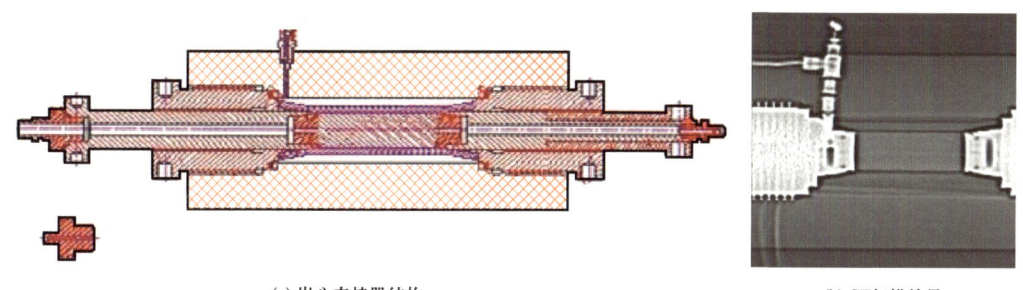

(a) 岩心夹持器结构　　　　　　　　(b) CT扫描结果

图 3-1-1　岩心夹持器结构与 CT 扫描结果

二、实验结果与分析

通过 CT 观测实验系统扫描到不同有效应力下岩心不同端面裂缝宽度的动态变化。选取一块代表性的岩样，进行人工造缝并经过简单粗化处理的岩心，分别在围压是 0 MPa、2.5 MPa、5 MPa、12 MPa 四个压力点扫描，每个压力点扫描 18 层，用计算机系统记录下每一围压点不同层面的二维图像信息。为了便于比较，选择每次扫描的第八层作为分析图像，并且图像的窗体大小不变（图3-1-2），通过对CT扫描二维图像数字化，计算两裂缝面间的像素横向点个数来计算出扫描裂缝各层面在不同围压条件下的宽度数据。

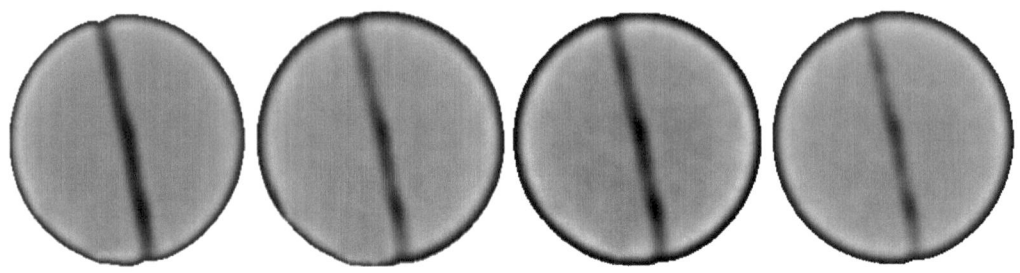

(a) 围压=0 MPa, d=195 μm　　(b) 围压=2.5 MPa, d=123.8 μm　　(c) 围压=5 MPa, d=78.2 μm　　(d) 围压=12 MPa, d=52.3 μm

图 3-1-2　不同有效应力下裂缝端面特征（第八层）

从图3-1-2中可以看出，裂缝岩石样品在围压增加的初始阶段，岩心裂缝闭合趋势较为明显，即裂缝宽度迅速减小，以后随着围压的增加，储层裂缝闭合趋势趋于缓和，裂缝宽度大小随着有效应力的增加亦变缓和，这与裂缝可视化系统实验结果一致。

裂缝岩心经CT扫描后得到岩心横截面CT扫描图像，并把不同围压下螺旋扫描过程中获得的裂缝岩心CT扫描二维图像信息数据导入CT-3D工作站，利用机器所带图像分析处理软件，对单层图像进行三维成像构成裂缝的空间形态（图3-1-3），并以二维或三维图像的形式准确地显示裂缝岩心的立体视图，岩心裂缝三维空间图像能够从多角度、多

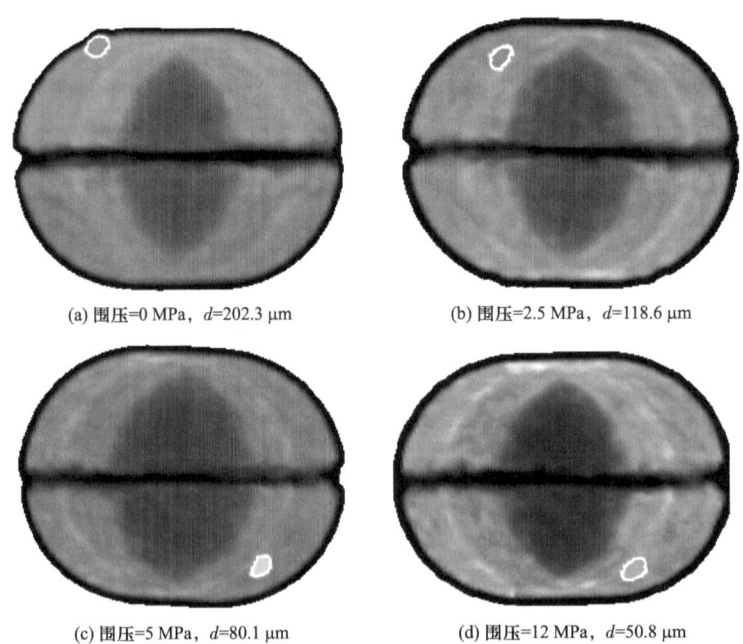

(a) 围压=0 MPa, d=202.3 μm　　(b) 围压=2.5 MPa, d=118.6 μm

(c) 围压=5 MPa, d=80.1 μm　　(d) 围压=12 MPa, d=50.8 μm

图 3-1-3　多层螺旋扫描裂缝三维空间合成图

方位对重构出的裂缝岩心进行各种拟真操作,从而研究认识储层裂缝受力空间结构的演化过程。

从图 3-1-3 也可以看出,不同的围压下合成裂缝有效宽度亦然不同,随着围压的增加,合成三维裂缝的平均宽度不断减小,且初始加压阶段裂缝宽度减小幅度较大,随后应力增加,裂缝宽度较小,幅度缓和。

第二节　裂缝岩体闭合变形的有限元仿真

一、裂缝岩体模型介绍

裂缝闭合接触变形仿真计算几何模型如图 3-2-1 所示,该模型采用结构光岩心裂缝测量系统扫描得到的真实裂缝表面,由于模型表面为非规则面,计算量较大,本仿真只是为了研究裂缝面微凸体变形规律,因此模型选取较小范围讨论,该模型长 29 mm,宽 22 mm,将模型导入 Abaqus6.10,弹性模量为 30 569 MPa,泊松比为 0.211,内聚力为 28.25 MPa,内摩擦角为 43.5°,密度为 2.65 kg/cm³,假设裂缝面接触变形属于弹性过程。在这里只考虑法向应力作用。裂缝下表面为固定端,上表面缓慢向下移动,以模拟裂缝实际闭合过程。由于原始裂缝模型中的两个粗糙裂缝表面并没有发生接触,因此在仿真软件中设定当裂缝面发生接触后,上方裂缝岩体继续向下移动 0.065 mm。

图 3-2-1　裂缝闭合仿真模拟几何模型

二、裂缝闭合接触变形过程分析

计算结果如图 3-2-2 所示,随着裂缝的闭合,裂缝宽度减小,裂缝的内部空间逐渐变小。接触点主要是裂缝规则面上较为凸起的几个微凸体首先接触,微凸体之间相互接触较少,对裂缝面支撑作用较弱,以裂缝表面整体变形为主;接着裂缝面局部变形,相互接触的微凸体数量逐渐增多,并对裂缝面产生支撑作用,以裂缝面局部变形为主;最后阶段,多数微凸体接触引起裂缝变形闭合。裂缝闭合的整体应力分布如图 3-2-2 所示,裂缝闭合时除了裂缝面上最初接触最高的几个微凸体产生塑性变形外,其他微凸体仍然属于可恢复的弹性变形。

将两表面分开,只关注裂缝其中一个面的应力分布情况。如图 3-2-3 至图 3-2-5 所示,碳酸盐岩粗糙裂缝表面的微凸体对裂缝闭合变形起到了控制作用,可以将裂缝变形过程分为三个阶段。

第一个阶段，裂缝变形以裂缝面的整体变形为主，如图3-2-3所示，这时裂缝表面的接触点较少，裂缝表面的微凸体对裂缝面的支撑比较弱。

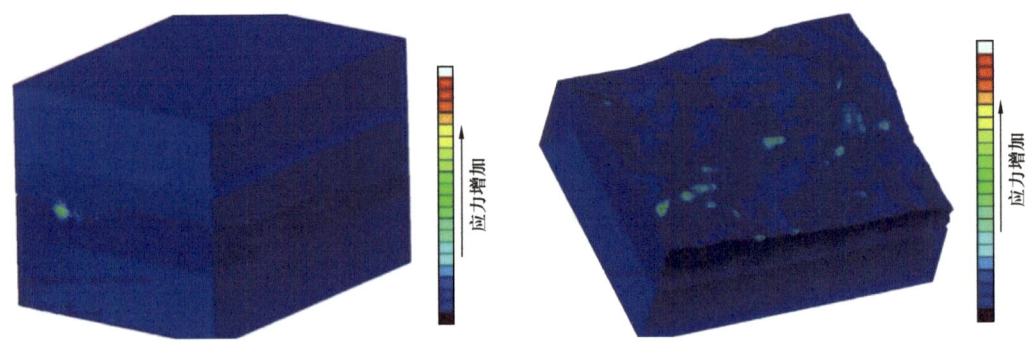

图3-2-2　裂缝闭合模型数值模拟图　　　　图3-2-3　裂缝闭合第一个阶段应力分布图

第二个阶段，裂缝表面的局部变形成为主要趋势，如图3-2-4所示，这时裂缝表面初期接触的微凸体被破坏，裂缝表面的接触点开始增多，微凸体对裂缝表面的支撑作用开始增加。

第三个阶段，裂缝表面上的接触面积增加较快，如图3-2-5所示，这时多数裂缝面上的微凸体发生变形被破坏并且导致裂缝闭合。从图中能明显得出在裂缝闭合不同阶段，裂缝表面的应力分布情况。随着裂缝闭合过程的进行，裂缝表面微凸体的接触面积不断增加，而裂缝表面微凸体所受应力也在不断增强，如果继续加载，裂缝表面微凸体可能产生脆性—弹性破坏。

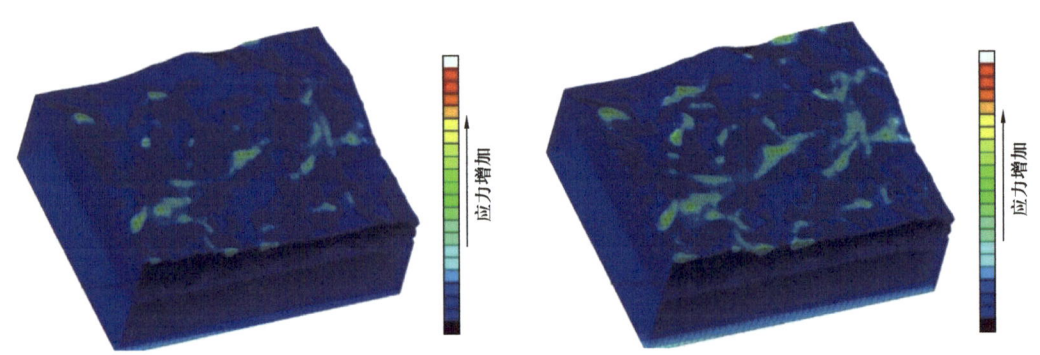

图3-2-4　裂缝闭合第二个阶段应力分布图　　　　图3-2-5　裂缝闭合第三个阶段应力分布图

将裂缝闭合不同阶段裂缝空间内的数据提取出来分析，如图3-2-6所示为裂缝两表面将要接触但还没有接触时的裂缝宽度分布图，此时的裂缝平均宽度为0.912 5 mm，此时的裂缝空间宽度分布符合正态分布趋势。当裂缝上表面位移分别为0.015 8 mm、0.039 4 mm、0.065 mm时，裂缝宽度分布图如图3-2-7至图3-2-9所示，在经历了裂缝闭合的三个阶段以后，随着裂缝闭合量的增加，振幅高度逐渐下降，正态分布趋势逐渐消失，裂缝宽度分布趋势整体向左移动。

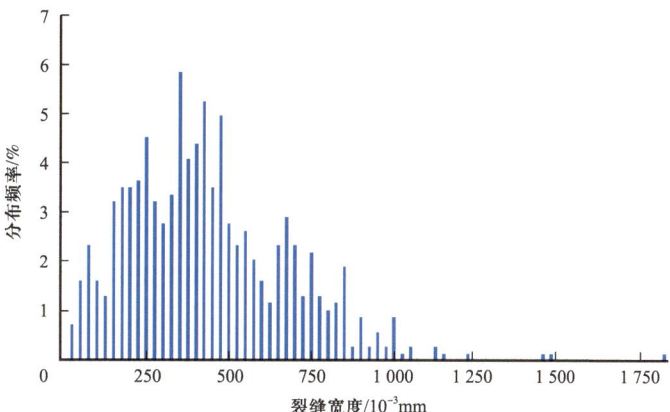

图 3-2-6　裂缝空间未接触时裂缝空间宽度分布频率图

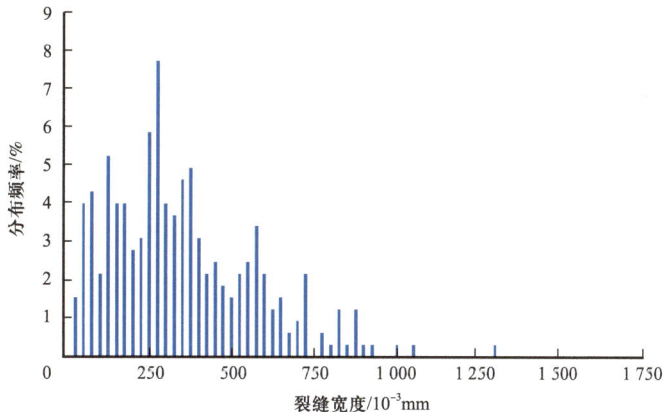

图 3-2-7　裂缝闭合第一个阶段裂缝空间宽度分布频率图

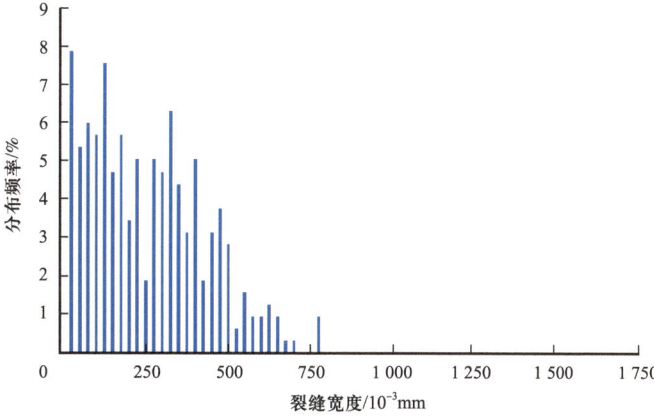

图 3-2-8　裂缝闭合第二个阶段裂缝空间宽度分布频率图

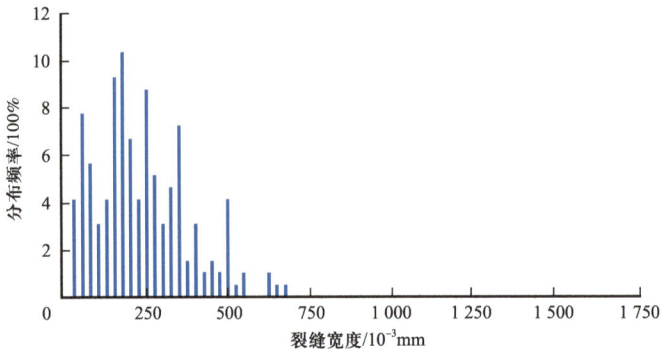

图 3-2-9　裂缝闭合第三个阶段裂缝空间宽度分布频率图

将裂缝表面接触面积与位移的计算结果导出，通过数据处理得到如图 3-2-10 所示的关系图。从图中能够得到，由于裂缝表面为非均质，由粗糙不平的微凸体组成，裂缝表面的实际面积比扫描范围面积略大。本模型的扫描区域面积为 638 mm^2，此时由于裂缝两个面为互为耦合的两个面，仅仅统计一个表面的表面积变化规律，实测裂缝单个表面的表面积为 663.5 mm^2。

当裂缝表面位移 0.015 8 mm 时，裂缝表面的接触面积为 2.975 mm^2，由于位移量较小，此时的接触面积并不大，只占总面积的 0.448%。当裂缝表面位移 0.039 4 mm 时，裂缝表面的接触面积为 44.143 mm^2，此时的接触面积明显增大，占裂缝表面总面积的 6.653 1%。当裂缝表面位移 0.065 mm 时，裂缝表面的接触面积为 202.99 mm^2，占裂缝表面总面积的 30.594%。整个闭合过程，裂缝闭合位移与接触面积之间呈幂函数关系，随着位移的增加，裂缝表面的接触面积呈幂函数增大。

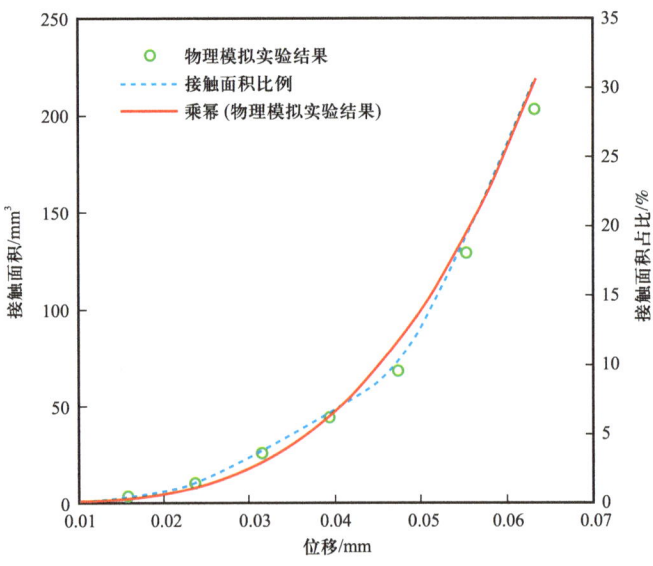

图 3-2-10　裂缝闭合接触后的位移与接触面积的关系图

第四章　岩石裂缝面上的微凸体变形规律

碳酸盐岩天然裂缝由粗糙不平的两个表面组成，粗糙裂缝的两个表面上均有非规则分布的大小各异的微凸体，这些大小各异、分布不均的微凸体互相交错支撑形成了裂缝空间。

碳酸盐岩裂缝中的流动空间主要依靠裂缝表面微凸体的支撑。前人的理论研究中常将微凸体简化为圆柱或半球体，基于弹性力学建立裂缝闭合理论模型。而对于实际岩石微凸体力学性质的研究较为缺乏。因此本章将通过开展微凸体细观力学实验来获取实际岩石微凸体的变形规律。

第一节　岩石细观力学研究现状

一、细观尺度的定义

一般根据研究样品或研究区域的大小，可以笼统地将研究尺度分为宏观（Macroscopic）、细观（Mesoscopic）和微观（Microscopic）三个尺度。岩石是一种多尺度、成因复杂、非均质性强的天然材料，其力学性质常千差万别。前人通过现场监测和大量的室内实验对岩石的力学性质进行了研究，取得了令人瞩目的成就。但这些研究大都属于宏观对象的研究，所得结论往往缺乏普适性，也难以分析现象的根本原因。因此人们也逐渐认识到应当进一步从细观甚至微观尺度开展研究，以便更加全面和深入地探讨岩石力学问题。

宏观、细观、微观的尺度范围是相对而言的，目前并没有一个统一的划分标准，在不同学科中的划分情况也有所不同。

在混凝土研究中，Wittmann[232]最先提出了细观尺度的范围：1 μm 至 100 mm。在研究岩石力学中的非均质问题时，朱万成等[233]沿用了以上划分，将有限元的单元尺寸定为毫米级。

岩石破坏后岩石内部会产生大小尺度不同的断裂面，比如地层露头中较大的断层，标本中的节理，以及显微镜下所观察到的矿物晶体内部的位错等。这些断裂面使得岩石变为非连续介质，显著地影响着岩体的力学性质。这些断裂缝面的成因可能相同，但对岩石力学性质的影响却有较大差异。因此谢强[234]认为可以根据这些岩石内部的断裂面来划分尺度。他将野外普遍发育的，影响工程岩体力学性质的断层所在尺度定为宏观尺度；而将发育在岩石内部结构中，可用显微镜或肉眼观测，直接影响室内岩石力学实验试样的力学特征的节理、裂纹所在尺度定为细观尺度；将发育在矿物晶体内部，对岩石的宏观力学性质没有直接影响的那些位错所在尺度定为微观尺度。

考虑到细观、微观没有一个绝对的划分规则，因此本章标题中的细观二字，指的是一个相对研究目标更小一级的尺度。比如对于裂缝闭合问题，其细观尺度便是微凸体和基体的变形过程。而对于微凸体自身，其细观尺度便是更小一些的微凸体内部结构。

二、岩石细观力学的发展过程

20世纪30年代Taylor等在细观塑性理论方面的开创性工作奠定了细观力学基础。细观力学虽然在20世纪50年代就已初具雏形，但直到20世纪70年代才开始飞速发展。而在20世纪80年代细观力学渗透到了几乎所有的工程材料，如金属、岩石、混凝土、陶瓷、复合材料[235]。在1982年的一个力学座谈会上，Budiansky[236]正式提出了"细观力学（Mesomechanics）"这一概念，称其是关于非常小物体的力学，考虑了物质中的细观结构和不同组分，比如夹杂、空洞、纤维、颗粒对其宏观力学性质的影响。1987年肖子隽[237]将其引入中国，指出这是一门将材料科学与结构力学相结合的新兴学科。1997年谢强[234]在《岩石细观力学实验与分析》中详细论述了细观尺度上的观察方法及岩石细观力学实验的过程。

细观力学被定义为一种采用连续介质力学方法来分析具有细观结构（即材料在光学或电子显微镜下可见到的细观结构）的材料的力学性能的学科[238]。对于岩石来说，细观力学将其看作是包含着诸如裂纹、孔隙、空洞等缺陷，同时还由多种力学性质不同的矿物所组成的非均质料。而对于这些矿物，则假定其内部是连续和均质的，并且同一种矿物具有相同的力学特性。岩石中这些矿物的种类、含量及矿物和缺陷的分布情况被称为岩石的细观非均质结构。

岩石细观力学就是从细观尺度出发，研究岩石的非均质结构等细观尺度上的特征对其宏观力学性质影响的一门科学。它通常采用材料力学中广泛使用的多种实验手段，如扫描电镜（Scanning Electron Microscope，以下简称SEM）、CT、压痕测试、能谱分析（Energy Dispersive Spectrometer，以下简称EDS）等技术来确定细观组分的空间分布及其力学性质，实时连续地观测岩石在细观尺度上的变形与破坏，并结合数值仿真方法来预测材料的宏观性能。

三、岩石细观力学的实验研究

岩石细观力学的实验研究可分为间接研究方法和直接研究方法两种[238]。间接研究方法主要是通过岩样的渗透性[239]、声发射事件数[240]等参数来间接地反映岩石微裂缝的发展情况，从而了解岩石的破坏过程。而直接研究方法则使用先进的观测仪器，直接观测和定量评价岩样中裂纹的发展、贯穿及岩石整体破坏的过程，从而更加深入地了解岩石变形破坏的本质。

葛修润等[241]设计制作了配有显微镜的岩石细观力学加载仪，对长方体岩样变形破坏的全过程进行了观测。冯夏庭等[242]自研了一套应力—水流—化学耦合下的岩石破裂全过程细观力学实验系统，利用显微镜实时观测记录了三轴应力与 NaCl 溶液作用下的岩石裂缝起裂、发展及贯通破坏过程。

凌建明[243]将 SEM 装配在拉压加载台中，对岩石的原始损伤演化及破坏过程进行了观测与分析。朱珍德等[244]和倪骁慧等[245]利用 SEM 对四川锦屏大理岩的变形破坏进行了观测，提取出了微裂隙的长度、方位角、宽度、面积和周长等细观信息。在分析了这些参数的统计规律后，结合细观损伤力学理论计算了大理岩的单轴压缩实验和常规三轴压缩实验的应力—应变曲线，与实际实验的结果符合程度高。

葛修润[246]将 CT 机与加载设备相结合，在对砂岩进行单轴、三轴的加载实验时进行 CT 扫描，获得了岩石变形破坏各个阶段的清晰 CT 图像，认为该实验系统为在从细观尺度探寻岩石破坏机理提供了一种新的实验方法。王彦琪[247]采用自行研制的微型单轴煤岩实验机，结合高精度显微 CT 系统实时观测了小尺寸煤岩实样的单轴压缩过程，分析了煤岩变形破坏的细观过程和内部破裂演化的基本规律。Sufian 等[248]也利用高精度 CT 观测到了岩石在单轴压缩过程中微裂纹的传播，以及孔隙结构的变化。

通过文献调研发现，岩石细观力学实验常结合多种观测手段来研究小尺寸非标准试样的变形破坏过程，因此其实验设备均为自行研制，或者在已有的设备基础上改造而来。

第二节　微凸体细观力学实验方法

一、微凸体试样的制备

由于实际岩石裂缝表面微凸体的外形较为复杂，难以用较为规则的形状来描述，因此为了便于建模和分析，前人的研究中对微凸体的外形提出了许多不同的简化方式。本书通过广泛调研，对文献中常见的微凸体外形进行了总结。

1. 光滑平面

李大奇等[9]和李松等[10]采用有限元模型研究了裂缝流体压力对裂缝宽度的影响。由于有限元模型所模拟的地层尺寸较大,且仅仅考虑裂缝流体压力对裂缝宽度的增大作用,而不考虑裂缝的闭合过程。因此将裂缝面简化为一个光滑表面,而裂缝面上的微凸体也自然变为光滑表面的一部分。

这种将微凸体视为光滑表面,或者说根本不考虑微凸体存在的简化方式是基于实际研究目标不需要考虑裂缝的闭合过程而做出的选择。但本书主要研究裂缝闭合机理,因此不能采用这种简化方式。

2. 锯齿状或三角形状

李士斌等[24]在研究清水压裂所形成的裂缝残留宽度时,利用分形方法生成粗糙裂缝面。粗糙裂缝面上的微凸体的外形为锯齿状,如图4-2-1所示。

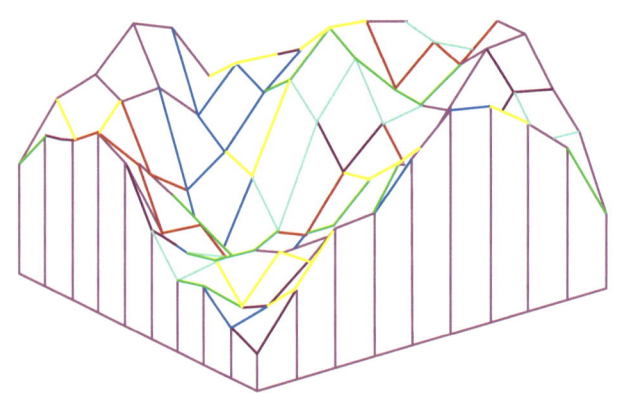

图 4-2-1 分形算法生成的粗糙裂缝面

而如图4-2-2所示,Ahmadi[249]在用有限元研究地震波在裂缝性地层中的传播时,将裂缝面上微凸体的外形简化为直角三角形。微凸体的外形尺寸可以用直角三角形底边和高的长度来描述。

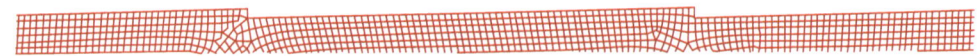

图 4-2-2 直角三角形状的微凸体

此外如图4-2-3所示,李夕兵等[113]在研究裂缝法向动态变形时,将微凸体的外形视为等边三角形,通过制作浇筑试样来开展研究。

以上锯齿状或三角形微凸体模型,其特点是微凸体的顶端都为一个尖角。这使得微凸体在发生接触的一瞬间,其尖角会出现极强的应力集中而断裂。人们也早已发现真实微凸体存在尖端破裂的现象,Goodman[94]认为这是裂缝闭合实验曲线为非线性的主要来源。

但更深入的研究发现，裂缝在循环加载三次以上后微凸体的尖端破碎现象就不明显了[250, 251]。而地层中的裂缝经历过悠久的地质运动作用，其加卸载次数可能远在三次以上。因此学者们都没有考虑微凸体的尖端破碎现象。

同时微凸体的尖端破碎现象可能使实验测试的结果不具备规律性和可重复性，这种形状的微凸体也难以直接使用已有的致密砂岩岩样加工。

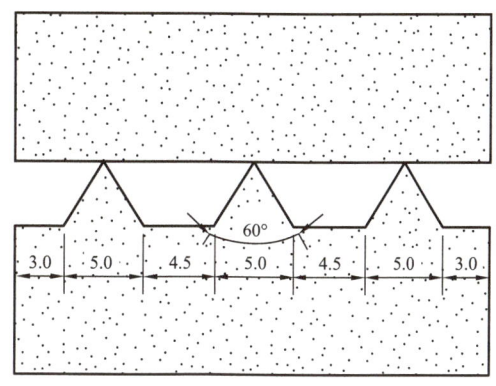

图 4-2-3 等边三角形状的微凸体

3. 球冠状

如图 4-2-4 所示，从 1966 年 G-W 模型的提出，到 2016 年的 Tang 模型，半个世纪以来众多的裂缝闭合理论模型[114, 142-144, 148-153]都将微凸体简化为半球体，或者说球冠。

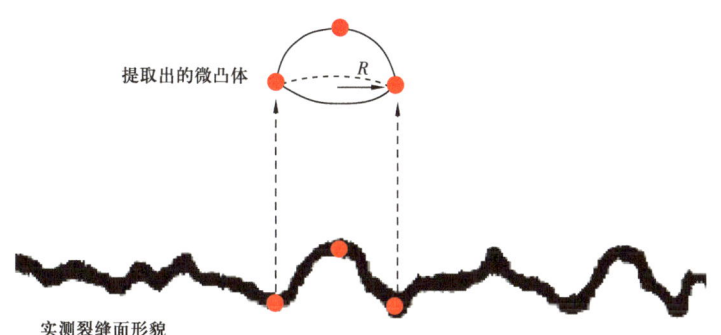

图 4-2-4 三点法提取微凸体[142]

球冠的特点是只需用半径来描述其形状，简单直观。同时球冠也和真实微凸体一样，顶端小，底部大。这使球冠在刚开始发生接触变形时也会发生应力集中现象，但又不会像锯齿状微凸体那样发生断裂。因此采用球冠状的微凸体外形能保证实验具有可重复性，有利于总结实验规律。

综上所述，本书采用球冠作为微凸体试样的外形，制作不同半径的球冠状微凸体来进行微凸体力学实验。为了加工出指定尺寸的球冠状微凸体，本书采用高精度数控车削来加工微凸体。在加工过程中采用了中高转速、低进给量的加工方式。同时不使用冷却液以防止岩心的炸裂和被冷却液污染。微凸体的实际加工过程如图 4-2-5 所示。

将车削加工得到的微凸体半成品的球冠用切割机切割下来，并用砂轮机将切割端面打磨平整后便完成了微凸体的制备。

二、微凸体加载实验装置

本书需要对加工出的单个球冠状微凸体进行单轴压缩力学实验，测量其在不同法向载荷下的变形量。通过先期对半径为 20 mm 试样的测试，发现其破裂前可承受的最大载荷约为 6 kN，而对于半径小一些的试样这一值会更低。

现有的岩石力学实验机均针对较大尺寸的标准岩石试样，常常会施加上百千牛的载荷。而其压力传感器的综合精度通常为 0.5%FS[252]，即其绝对精度为最大量程的 0.5%。比如美国 GCTS 公司生产的 RTR-1000 型三轴岩石力学测试系统，其轴向载荷最大可达 1 000 kN，绝对误差为 5 kN。这几乎超过后续微凸体力学实验的最大载荷，无法满足微凸体

图 4-2-5 微凸体的加工过程

力学实验对精度的要求。因此本书研制了小量程高精度的微凸体力学实验装置（以下简称实验装置）。

整个实验装置主要由压力系统、微凸体加载台、数据采集系统三部分组成，实验装置的结构示意图和实物图分别如图 4-2-6 和图 4-2-7 所示。

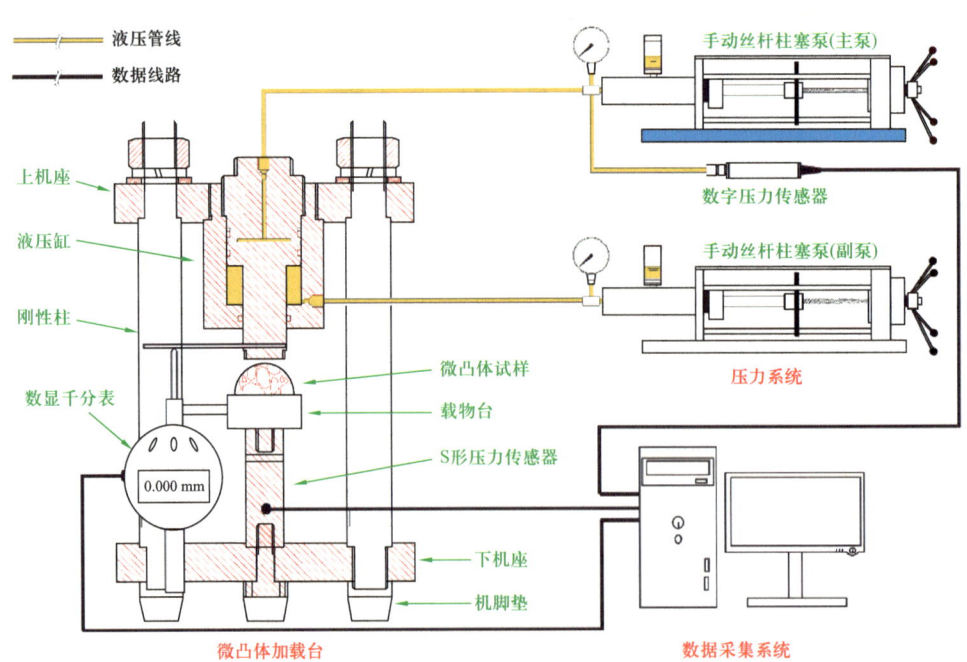

图 4-2-6 实验装置的结构示意图

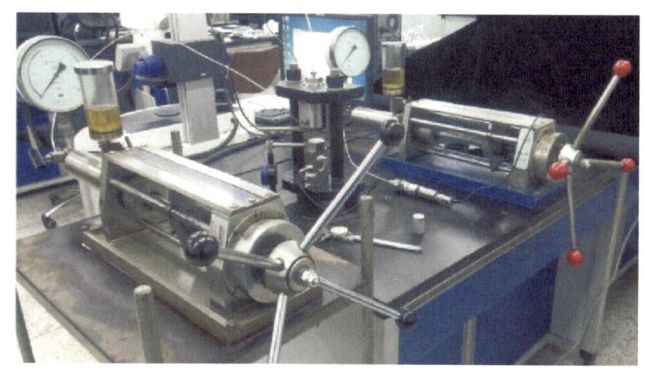

图 4-2-7 实验装置的实物图

三、微凸体加载实验步骤

实验采用液压泵推动活塞给实验样品施加压力,样品发生断裂变形以后,再通过液压泵从反方向推动活塞慢慢卸压,并通过连接千分表和位移传感器的数据采集系统记录微凸体样品在受到外力的过程中发生的位移大小和受力的大小,得到力与位移的曲线。实验具体操作过程如下:

(1) 按照实验装置示意图的流程连接装置,检查液压泵和数据采集系统是否正常工作,连接处和阀门是否上紧,防止实验过程中漏油;

(2) 打开加载装置阀,关闭卸载装置阀,控制活塞匀速接近并接触到岩石微凸体样品;

(3) 设置数据采集系统,包括采集数据的时间间隔,当活塞将要接触到岩石样品时开始记录实验数据;

(4) 采用液压泵进行加压直到微凸体样品破裂;

(5) 微凸体样品破裂后,关闭加载系统,打开卸载装置,反方向给活塞施加压力,缓慢匀速地将活塞逐步与样品分离,保存数据并进行分析处理。

第三节 碳酸盐岩微凸体加载实验结果

一、微凸体加载实验结果

实验样品选自四川省广元市旺苍县英萃镇天然露头,层位为嘉陵江组碳酸盐岩样品,首先在实验室钻取得到平均长度为 50 mm、平均宽度为 25 mm 的圆柱形样品,再将这些样品打磨成半球体,实验设计打磨的半球体规格分别为半径 4 mm、5 mm、7.5 mm 的碳酸盐岩样品,半径为 4 mm 的样品编号为 C1-1、C1-2、C1-3,半径为 5 mm 的样品编号为

C2-1、C2-2、C2-3，半径为 7.5 mm 的样品编号为 C3-1、C3-2、C3-3，分别将这三组进行微凸体单轴抗压实验。

如图 4-3-1 至图 4-3-3 所示为 4 mm 半径的碳酸盐岩微凸体单轴抗压曲线，样品 C1-1 的最大载荷为 1 127.99 N，位移为 0.119 mm；样品 C1-2 的最大载荷为 1 138.912 N，位移为 0.086 mm；样品 C1-3 的最大载荷为 878.377 5 N，位移为 0.056 mm。

从曲线趋势能够看出，三条曲线的开始阶段都经历了非线性变形阶段，这个阶段微凸体内部孔隙及微小裂纹被压实，曲线有明显的凹形上扬的趋势。在经历了凹形上扬后，三条曲线共同经历了一段近似直线的上升段，这一段可以被认为是弹性变形阶段。过了弹性变形阶段后三条曲线斜率均有略微的下降，这一阶段为弹性转为塑性变形阶段。最后曲线到达峰值后，样品破裂，这时开始卸载过程。卸载初期 C1-1 和 C1-2 均有一段平缓的下降段，这说明这两块样品的压缩性较高，C1-3 卸载初期出现迅速下降。卸载的最后阶段样品 C1-1 和 C1-3 均出现恢复了一部分空间现象，而样品 C1-2 没有恢复，这说明 C1-1 和 C1-3 还具备一定的弹性压缩承载能力，而 C1-2 被压缩以后永久不会恢复。

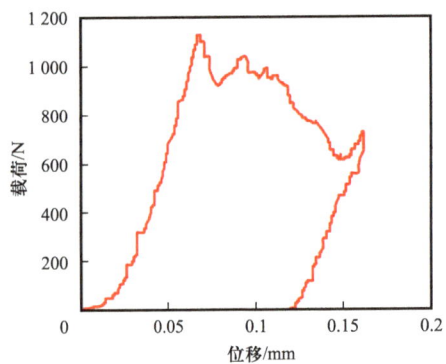

图 4-3-1 半径为 4 mm 的碳酸盐岩微凸体样品 C1-1 单轴抗压曲线

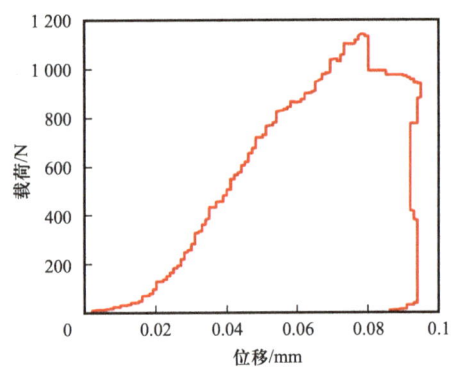

图 4-3-2 半径为 4 mm 的碳酸盐岩微凸体样品 C1-2 单轴抗压曲线

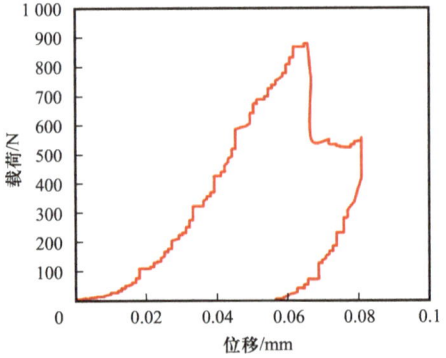

图 4-3-3 半径为 4 mm 的碳酸盐岩微凸体样品 C1-3 单轴抗压曲线

如图 4-3-4 至图 4-3-6 所示为 5 mm 半径的碳酸盐岩微凸体单轴抗压曲线，样品 C2-1 的最大载荷为 846.945 N，位移为 0.061 mm；样品 C2-2 的最大载荷为 1 281.307 N，位移为 0.036 mm；样品 C2-3 的最大载荷为 1 112.265 N，位移为 0.081 mm。

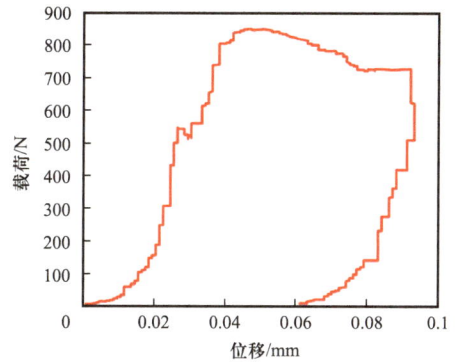

图 4-3-4　半径为 5 mm 的碳酸盐岩微凸体样品 C2-1 单轴抗压曲线

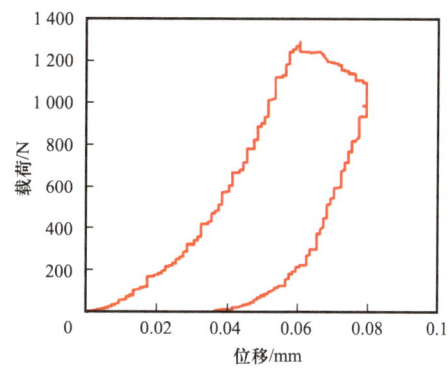

图 4-3-5　半径为 5 mm 的碳酸盐岩微凸体样品 C2-2 单轴抗压曲线

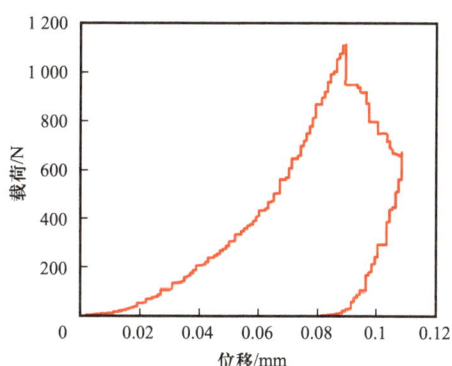

图 4-3-6　半径为 5 mm 的碳酸盐岩微凸体样品 C2-3 单轴抗压曲线

从曲线趋势能够看出，C2-1 的开始阶段经历了非线性变形阶段，这个阶段微凸体内部孔隙及微小裂纹被压实，曲线有明显的凹形上扬的趋势。在经历了凹形上扬后，曲线经历了一段近似直线的上升段，这一段可以被认为是弹性变形阶段。过了弹性变形阶段后曲线斜率均有略微下降，这一阶段为弹性转为塑性变形阶段。最后曲线到达峰值后，样品破裂。

但 C2-2 与 C2-3 不同，这两块样品呈凹形非线性上扬趋势，这说明这两块样品中的微裂缝较多，在达到峰值后直接破裂。卸载初期三块样品均有一段平缓的下降段，卸载的最后阶段三块样品均出现恢复了一部分空间的现象，这说明三块样品还具备一定的弹性压缩承载能力。

如图 4-3-7 至图 4-3-9 所示为 7.5 mm 半径的碳酸盐岩微凸体单轴抗压曲线，样品 C3-1 的最大载荷为 3 180.813 N，位移为 0.153 mm；样品 C3-2 的最大载荷为 3 107.94 N，位移为 0.1 mm；样品 C3-3 的最大载荷为 1 442.513 N，位移为 0.078 mm。

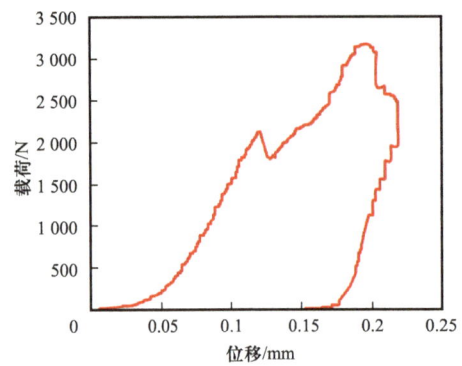

图 4-3-7　半径为 7.5 mm 的碳酸盐岩微凸体样品 C3-1 单轴抗压曲线

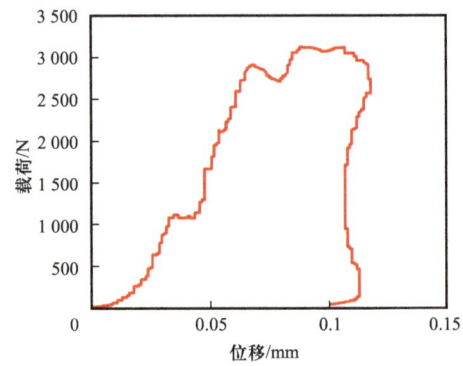

图 4-3-8　半径为 7.5 mm 的碳酸盐岩微凸体样品 C3-2 单轴抗压曲线

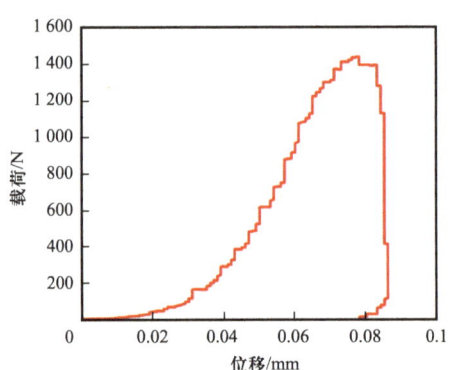

图 4-3-9　半径为 7.5 mm 的碳酸盐岩微凸体样品 C3-3 单轴抗压曲线

样品 C3-1 和 C3-2 的载荷明显比半径为 4 mm 和 5 mm 时要大，从曲线趋势能够看出，三条曲线的开始阶段都经历了非线性变形阶段，这个阶段微凸体内部孔隙及微小裂纹被压实，曲线有明显的凹形上扬的趋势。在经历了凹形上扬后，三条曲线共同经历了一段近似直线的上升段，这一段可以被认为是弹性变形阶段。过了弹性变形阶段后三条曲线斜率均有略微下降，这一阶段为弹性转为塑性变形阶段；最后曲线到达峰值后，样品破裂，这时开始卸载过程。只有样品 C3-2 经历了一段平缓下降的阶段，C3-1 和 C3-3 在卸载初期出现迅速下降；卸载最后一个阶段的趋势只有 C3-1 恢复了很小部分的空间，而样品 C3-3 和 C3-2 并没有出现恢复空间的现象。

二、实验数据处理及分析

实验后发现不同半径微凸体的实验曲线之间有许多相似之处。因此为了便于分析和说明，本书根据实验曲线的形态特点总结出了如图 4-3-10 所示的微凸体抗压实验曲线模式图。模式图将整个实验曲线分为了五个阶段，即低载荷阶段 OA、中高载荷阶段 AB、跌落阶段 BC、塑性变形阶段 CD 和卸载阶段 DE。同时还定义了峰值载荷、破碎变形量、残余承载能力等曲线参数，详细说明见表 4-3-1。

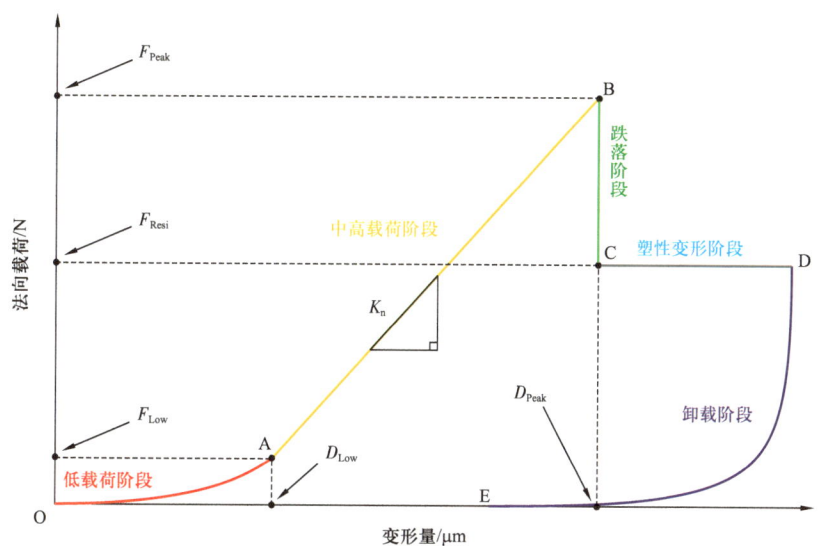

图 4-3-10　微凸体抗压实验曲线模式图

表 4-3-1　参数说明表

参数	说明
F_{Peak}	峰值载荷，微凸体破碎前所承受的最大载荷，N
F_{Low}	低载荷阈值，峰值载荷的 10% 所对应的实测载荷，N
F_{Resi}	残余承载能力，微凸体破碎后的承载能力，N
D_{Peak}	破碎变形量，微凸体破碎前所发生的变形量，μm
D_{Low}	低载荷变形量，微凸体达到低载荷阈值时的变形量，μm
R_{L-P}	低载荷变形量与破碎前变形总量之比，%
ε_{Peak}	峰值应变，破碎变形量与微凸体半径之比，%
K_n	微凸体法向刚度，中高载荷阶段曲线切线的斜率，N/μm

由实验数据计算得到的不同尺寸微凸体的曲线参数见表 4-3-2。观察发现微凸体的峰值应变范围为 1%～2%。

表 4-3-2　不同尺寸微凸体的曲线参数计算结果

试样编号	F_{Peak}/N	F_{Low}/N	F_{Resi}/N	D_{Peak}/μm	D_{Low}/μm	R_{L-P}/%	ε_{Peak}/%	K_n/(N/μm)
C1-1	1 127	112	627	68	23	33.824	1.700	26.503
C1-2	1 138	113	764	78	20	25.641	1.950	17.672
C1-3	878	87	573	65	18	27.692	1.625	16.829
C2-1	846	84	654	47	15	31.914	0.940	23.812
C2-2	1 281	128	894	60	17	28.333	1.200	26.813
C2-3	1 112	111	718	89	31	34.831	1.780	17.258
C3-1	3 180	318	2 098	197	57	28.934	2.626	20.442
C3-2	3 107	310	2 422	88	20	22.727	1.173	41.132
C3-3	1 442	144	1 049	78	31	39.743	1.040	27.617

下面结合法向载荷—变形量曲线不同阶段的形态特点和微凸体的曲线参数来分析阐述不同尺寸微凸体在加载条件下的变形特点。

1. 低载荷阶段

在低载荷阶段 OA，微凸体开始承受法向载荷后迅速变形，在达到峰值载荷的 10% 时其变形已经占据了破碎前变形量的 22%～39%。提取不同尺寸微凸体的低载荷阶段曲线如图 4-3-11 至图 4-3-13 所示。

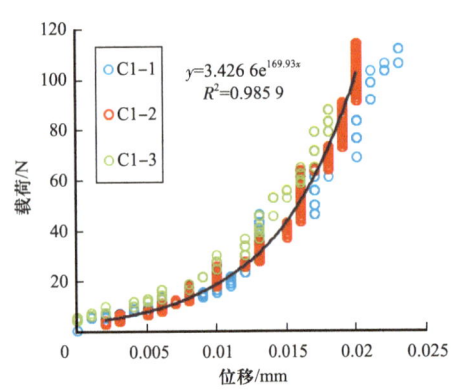

图 4-3-11　半径为 4 mm 的微凸体低载荷阶段实验曲线

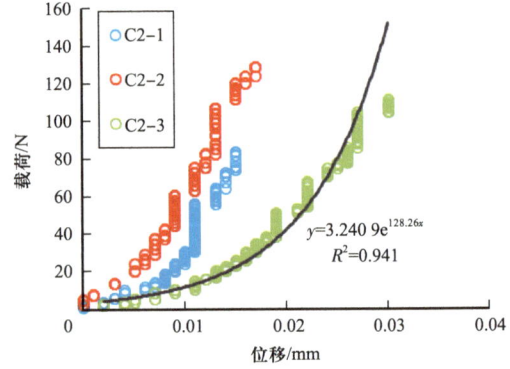

图 4-3-12　半径为 5 mm 的微凸体低载荷阶段实验曲线

微凸体在低载荷阶段法向载荷与变形量之间满足指数函数关系，这可能由以下两方面原因造成：一方面微凸体的外形为球冠状，因此在刚开始接触时接触面积较小而导致了较强的应力集中，从而发生了较大的变形；另一方面，岩石内部普遍存在孔隙和微裂纹，微凸体又由数控车削加工制得，在加工过程中其表层可能会产生更多的微裂纹。因此在微凸体变形的初期，类似标准岩样的单轴压缩实验曲线中的压密阶段，其变形可能主要来自孔隙和微小裂纹的闭合。

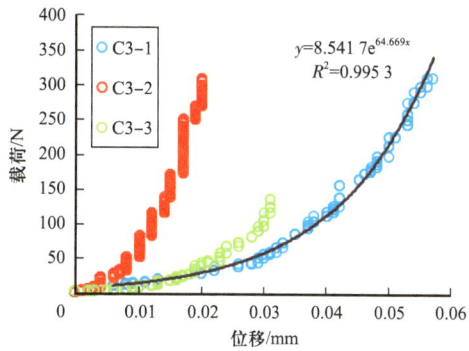

图 4-3-13　半径为 7.5 mm 的微凸体低载荷阶段实验曲线

综合来看，微凸体在低载荷阶段表现得极易变形，而变形可能主要来自微凸体的峰顶这一较小区域内的孔隙压密。随着微凸体尺寸增大，相同尺寸的微凸体每次实验测量所得曲线之间的差别越来越大，特别是半径为 7.5 mm 的微凸体。

2. 中高载荷阶段

提取不同尺寸微凸体的中高载荷阶段曲线如图 4-3-14 至图 4-3-16 所示。观察实验曲线发现在微凸体变形进入中高载荷阶段 AB 后，微凸体开始稳定变形，其法向载荷与变形量之间呈线性函数关系。

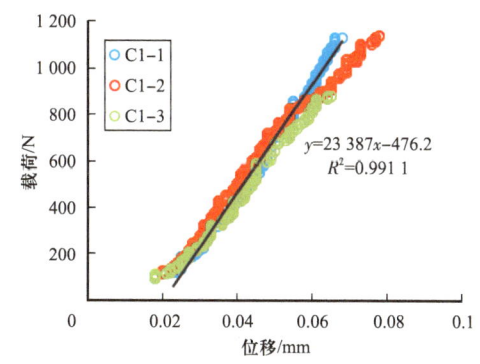

图 4-3-14　半径为 4 mm 的微凸体中高载荷阶段实验曲线　　图 4-3-15　半径为 5 mm 的微凸体中高载荷阶段实验曲线

相比低载荷阶段，微凸体在中高载荷阶段由指数式变形过渡到线性变形，其抵抗变形的能力得到明显增强。而微凸体在破碎前的大部分变形也发生在中高载荷阶段。

同时也发现了与低载荷阶段相同的情况，即随着微凸体尺寸增大，每次实验测量所得曲线之间的差别越来越大（相同尺寸的微凸体），特别是半径为 7.5 mm 的微凸体。

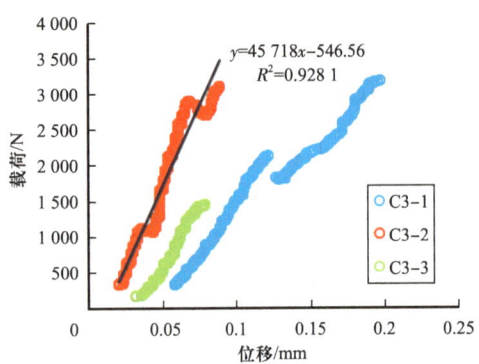

图 4-3-16　半径为 7.5 mm 的微凸体中高载荷阶段实验曲线

3. 塑性变形与卸载阶段

微凸体在受压变形的过程中其内部的微小裂纹也会不断地萌生和发展，当法向载荷超过峰值载荷后会因为宏观裂缝的出现而导致结构失效，法向载荷—变形量曲线出现跌落阶段 BC。

对于半径为 4 mm 的小尺寸微凸体，曲线中的跌落阶段十分明显，表现为曲线近乎垂直地下降到某一点，即残余承载能力处。而对于尺寸较大的微凸体，曲线中的跌落阶段几乎完全消失，直接进入塑性变形阶段 CD。在塑性变形阶段 CD，微凸体不断变形，而其法向载荷几乎恒定不变。而半径较大的样品其卸载阶段的曲线并不十分明显，说明它们已经完全被破坏失去了承载能力。

大尺寸的微凸体由于没有跌落阶段，其卸载前的整个法向载荷—变形量曲线比较符合纯弹塑性本构。而小尺寸的微凸体还具有跌落阶段，因此比较符合弹—脆—塑性本构。

一些学者就微凸体塑性变形对裂缝闭合过程，以及对油气藏开发的影响进行了分析。

Kamali 等[131]假设微凸体满足纯弹塑性本构模型，在达到岩石单轴抗压强度后开始屈服并产生塑性流动。其计算结果表明微凸体的塑性流动会大大增加裂缝的闭合程度。他同时也指出微凸体塑性变形对裂缝闭合影响程度很大，因此需要准确测定微凸体的塑性变形过程。

梁利喜等[253]对油气藏开采过程中微凸体塑性变形的影响进行了分析，提出了临界闭合流体压力的概念。他指出当裂缝内流体的压力低于临界闭合流体压力时，可以认为裂缝的闭合行为是完全弹性。因此可以通过注水等措施补充能量来恢复裂缝的开度，保证油气藏的产能。而当裂缝内流体压力低于临界闭合流体压力后，裂缝将发生塑性闭合，这会对油气藏的产能造成不可恢复的损害。

在发生一段时间的塑性变形后，对微凸体进行卸载。在卸载过程中，卸载曲线的斜率（法向刚度）要明显高于相同法向载荷下加载曲线的斜率。这可能是由于加载过程中微凸体被压实，其力学强度得以提升，法向刚度也随之增加。卸载阶段恢复的变形量结果统计见表 4-3-3，只有半径为 5 mm 的两个实验样品的恢复变形量达到了 30% 以上，大部分微凸体样品的恢复变形量均在 30% 以下，半径为 7.5 mm 的微凸体可恢复变形量低于 20%。

完全卸载后发现，由于微凸体发生了明显的塑性变形，加载曲线和卸载曲线不重合。而即使扣除掉塑性变形部分，加载曲线和卸载曲线也不重合。这说明微凸体在压缩变形时所存储的应变能要大于卸载恢复时所释放的应变能，能量发生了耗散。

表 4-3-3 卸载阶段结果统计表

岩样编号	半径 /mm	恢复位移 /mm	最终变形位移 /mm	最大变形位移 /mm	恢复位移与总位移比 /%
C1-1	4	0.042	0.119	0.161	26.086
C1-2	4	0.009	0.086	0.095	9.473
C1-3	4	0.022	0.058	0.08	27.5
C2-1	5	0.032	0.061	0.093	34.408
C2-2	5	0.038	0.041	0.079	48.101
C2-3	5	0.025	0.083	0.108	23.148
C3-1	7.5	0.042	0.177	0.219	19.178
C3-2	7.5	0.016	0.101	0.117	13.675
C3-3	7.5	0.008	0.078	0.086	9.302

第五章　井筒与井周裂缝的耦合变形与流动规律

前面章节针对裂缝面微凸体的实际力学性质、裂缝面不规则形貌与流动空间特征和裂缝的宏观闭合过程开展了研究。

本章针对裂缝性地层钻井过程中容易发生的井漏问题，从井周单条裂缝、两条裂缝、地层裂缝网络三个不同尺度开展了数值仿真模拟计算研究工作，探讨了井筒—裂缝接触关系、地层裂缝产状、井筒与裂缝网络的相对位置等因素对裂缝性漏失的影响。

研究发现，钻井液的漏失会改变井周裂缝内部的压力分布，进而引发裂缝开度变化，最终加剧钻井液漏失。同时井眼与地层裂缝网络的相对位置对钻井液漏失也有着重要影响。

第一节　不同角度的井周裂缝耦合变形及流动

在钻井过程中，当钻开裂缝地层时，不同施工参数和不同工况将改变井周的应力分布，导致裂缝会张开或闭合，改变了裂缝的导流能力。为研究井筒作业环境下的地层裂缝流固耦合作用机理，本节开展数值仿真计算，展示了在欠平衡和过平衡钻井两种工况条件下，地层裂缝垂直或平行于井筒时的井周应力场分布情况，以及受井底压力改变的影响，裂缝性地层的渗流能力的变化规律。

为了研究井筒作业环境下的地层裂缝流固耦合作用，首先根据元坝地区某井的钻井设计参数、井身结构、钻具组合和钻井液设计等资料，通过计算得到不同工况下的井底压力，并建立井筒裂缝流固耦合几何模型，该模型采用结构光裂缝测量系统获取嘉陵江组碳酸盐岩样品 A1 的数据，结合现实工况参数设置边界条件。由于受到钻井工况的影响，基质与裂缝的压力分布发生了改变，裂缝内的渗透率发生变化，从而改变裂缝内流体的压力分布。因此本书结合不同钻井工况分析裂缝、井周及基岩的应力场和流场的变化，研究钻遇裂缝时受到井周应力的影响，从而讨论裂缝变形时的裂缝渗流机理。

根据元坝地区某井的钻井设计参数，嘉陵江组深度为 5 148～5 920 m，地层压力梯度为 1.47～1.99 MPa/100 m，允许井壁垮塌宽度为 90°时的坍塌压力梯度预测为 0.30～1.20 MPa/100 m，上覆岩层压力梯度为 2.30～2.50 MPa/100 m；井身结构采用 ϕ241.3 mm

钻头，ϕ193.7+ϕ206.4 复合套管。

钻具组合为：ϕ241.3 mm 钻头（9 in）+ϕ172 mm 螺杆 + 钻具止回阀 +ϕ177.8 mm 无磁钻铤 ×1 根 ϕ177.8 mm 钻铤 ×11 根 + 旁通阀 +ϕ127 mm 加重钻杆（7 in）×21 根 +ϕ177.8 mm 随钻震击器 1 套 +ϕ127 mm 加重钻杆 ×9 根 +ϕ127 mm SS105 新钻杆 ×2 500 m +ϕ139.7 mm G105 新钻杆。

嘉陵江组地层压力为 1.5 g/cm³，假设过平衡情况下的钻井液密度为 1.55 g/cm³，欠平衡情况下的钻井液密度为 1.45 g/cm³，泵排量为 30 L/s。当起下钻杆的速度为 0.1 m/s 时，分别计算井筒内的抽吸压力、激动压力及过平衡钻井和欠平衡钻井情况下 5 000 m 时的井底压力。

根据瞬态多相流计算，泵排量为 30 L/s 时，欠平衡钻井 5 000 m 时的井底压力为 71.52 MPa，过平衡钻井 5 000 m 时的井底压力为 76.42 MPa，激动压力为 1 MPa，抽吸压力为 1.5 MPa。

根据元坝地区地质构造特征，该地区裂缝多为高陡裂缝，因此本书建立了 0°的低角度裂缝和 90°的高角度裂缝，平行于井筒方向高角度裂缝的走向为近南北向，两种裂缝的对比如图 5-1-1 所示，建立井筒裂缝几何模型，图 5-1-1（a）为垂直于井筒方向的低角度裂缝，图 5-1-1（b）为平行于井筒方向的高角度裂缝，该模型的井筒边界条件按照直径为 250 mm 的井筒计算得到的参数而设置，模型的总尺寸为 408.23 mm×220 mm×400 mm，裂缝空间的平均宽度为 1.68 mm。分别对两个模型进行网格划分，垂直于井筒裂缝几何模型网格，四面体单元为 2 283 260 个，三角形单元为 146 018 个，变单元为 3 068 个，边界单元数为 146 018 个，单元数为 2 283 260 个，平均网格质量为 0.766 2，最大增长率 8.352 4，平均增长率为 1.546 8；平行于井筒裂缝几何模型网格，四面体单元为 2 392 140 个，三角形单元为 124 125 个，边单元为 3 102 个，边界单元数为 124 125 个，单元数为 2 392 140 个，平均网格质量为 0.744 7，最大增长率为 8.001，平均增长率为 1.674。

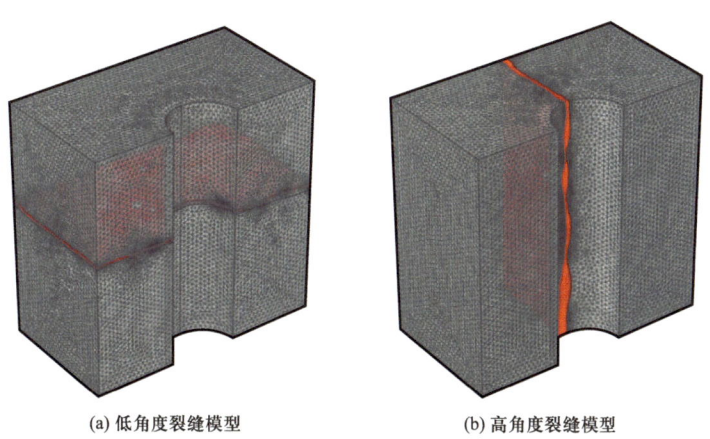

(a) 低角度裂缝模型　　　　　　(b) 高角度裂缝模型

图 5-1-1　井筒裂缝低角度裂缝与高角度裂缝模型

数值仿真模拟计算中岩石基质的杨氏模量设定为 30 569 MPa，泊松比为 0.211，岩石密度为 2 650 kg/m³，流体假设为水，密度为 1 000 kg/m³，黏度为 1 mPa·s，JRC 为 16.72，JCS（Joint Compression Strength，裂缝抗压强度）为 30.21 MPa，初始刚度为 22.31 MPa/mm，裂缝内的渗透率为变量，基质中的渗透率为 0.1 mD，基质的孔隙度为 6.92%，裂缝的孔隙度为 1.13%，垂向地应力为 106.4 MPa，最大水平地应力为 140.9 MPa，最小水平地应力为 97.38 MPa，裂缝初始平均宽度为 1.678 1 mm，利用 COMSOL Multiphysics 进行仿真模拟计算。

钻井过程中井筒液柱有效压力大于地层压力时的钻井为过平衡钻井。在这种钻井方式下，部分钻井液会侵入地层，并且能够有效地抑制地层流体进入井筒，防止溢流井喷等事故，确保钻井安全。根据计算 5 000 m 时的井底压力结果表明，仿真计算设计正常钻进时的井底压力为 76.42 MPa，原始地层压力为 73.57 MPa，对模型进行仿真计算求解，并且将结果分别与受到激动压力和抽吸压力的结果进行比较。

一、钻遇垂直于井筒方向低角度裂缝

本书根据图 5-1-1 建立的井筒裂缝几何模型，利用有限元仿真技术，开展井筒—裂缝变形与耦合流动瞬态求解。本书求解分析的区域为地层的局部区域，设计求解时间为 20 s，时间步长设定为 1 s 进行求解计算。

计算结果如图 5-1-2 所示为过平衡钻井正常钻进时低角度裂缝的压力分布图，时间分别为 5 s、10 s、15 s、20 s。当时间为 5 s 时，该时间点为钻遇裂缝的初始时间，初始原始地层压力为 73.57 MPa，地层压力分布较为均匀，只有靠近井筒的压力有较小的变化，压力经过 20 s 后开始向地层中传播，裂缝较为狭窄处的压力传播较为缓慢，而裂缝宽度较宽的部分压力传播较快，裂缝空间内部压力的传播速度受到裂缝接触地方的影响，压力传播也会受到一些阻力。由于基质空间分布较为均匀，所以压力传递分布也较为均匀。

为了更清晰地看到压力场的变化，通过后处理将裂缝空间单独提取出来分析，如图 5-1-3 所示为 20 s 时过平衡钻井低角度裂缝内部压力分布图。

由于裂缝为天然裂缝，因此该裂缝空间分布不均匀，靠近井口处的裂缝宽度分布具有较大差异，压力传播明显为非均匀分布。从图 5-1-3 中能够清晰地看到靠近井壁附近的区域压力较大，并且裂缝宽度较宽、分布均匀处压力传播较快，裂缝空间中狭窄的区域压力传播受阻，裂缝空间分布不均匀或者裂缝空间内有接触的区域，压力传递同样也会受到阻力的影响。通过计算分析得到，如果在过平衡钻井时，钻井液中的固相颗粒会在正压差的作用下侵入地层。裂缝宽度较宽并且分布较为均匀的区域，固相颗粒会首先侵入，然而随着固相颗粒的侵入，裂缝宽度的分布将发生改变，这就会造成压力传递受到这些固相颗粒侵入的影响而遇到阻力，在一定程度上影响压力的传播。

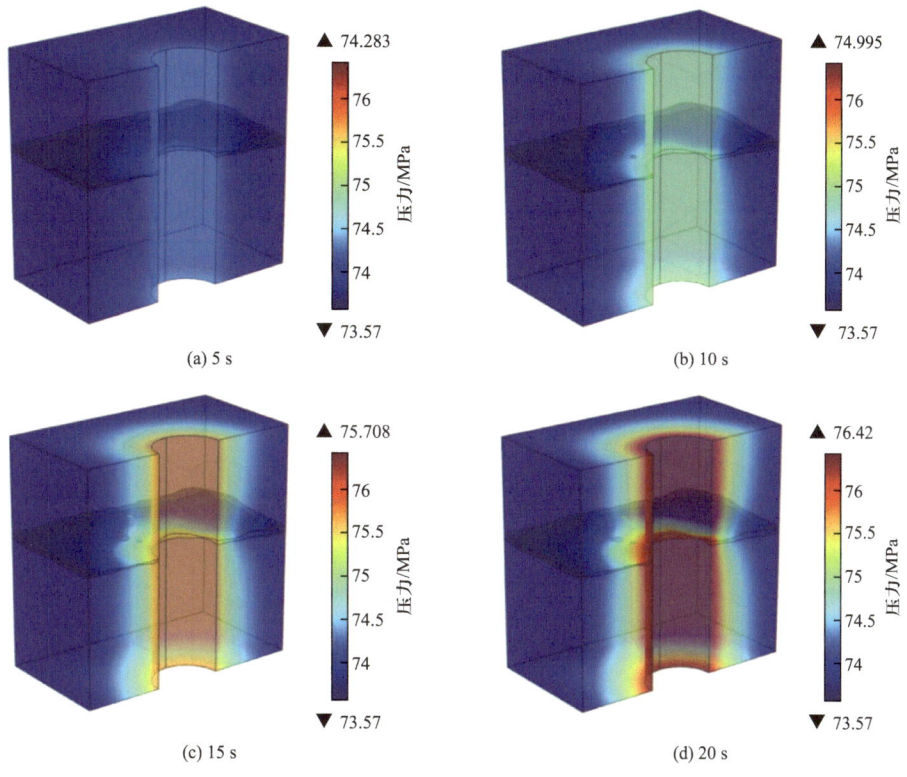

图 5-1-2 过平衡钻井低角度裂缝压力场分布图

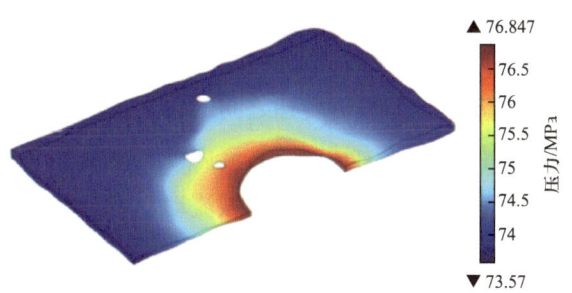

图 5-1-3 过平衡钻井低角度裂缝内部压力分布图

如图 5-1-4 所示为过平衡钻井正常钻进时,钻遇垂直于井筒方向低角度裂缝,在不同时间点(分别为 5 s、10 s、15 s、20 s)时,裂缝内的速度场和基质内的流线分布图。图中可以明显看到在初始状态下,裂缝内的流场较为稳定,流速较慢,5 s 时的最大速度为 $4.309\ 1\times10^{-3}$ m/s,然而随着时间的改变,越靠近井筒区域的裂缝内的流速越快,流场分布不均匀,20 s 时裂缝空间中的最大速度达到了 $0.017\ 2$ m/s。图中由于裂缝内的流速比基质内的流速明显要大很多,基质内的流线分布较为均匀,裂缝内的流体与基质中的流体有流体交换的现象发生。

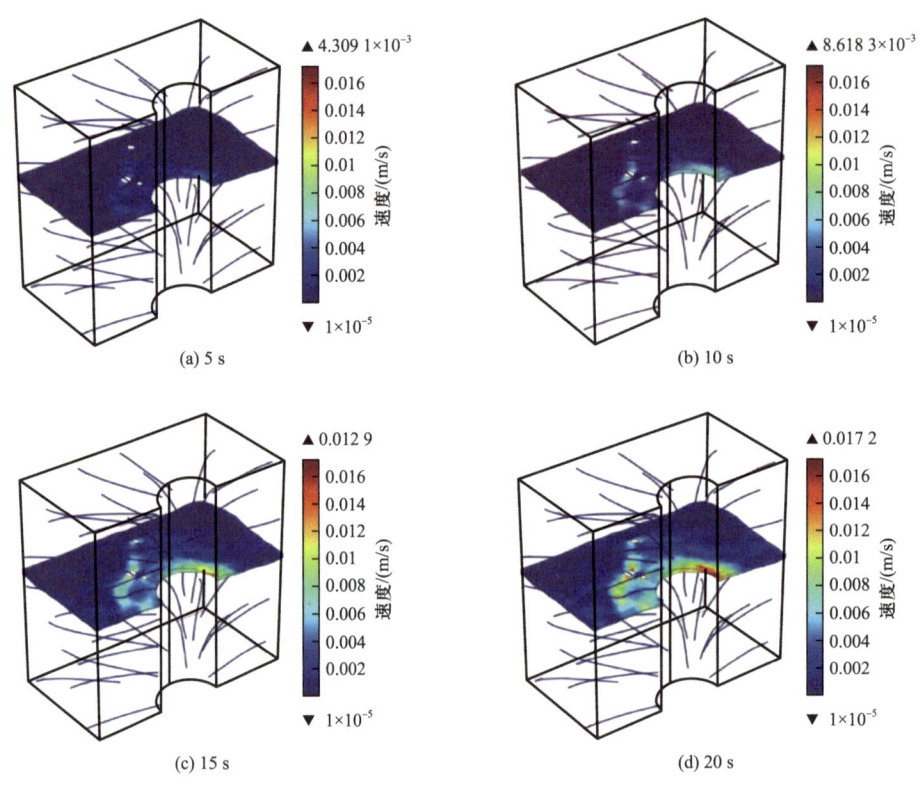

图 5-1-4　过平衡时低角度裂缝速度场分布图

将裂缝空间区域提取出来，分析裂缝空间中流体流动的规律，如图 5-1-5 和图 5-1-6 所示，分别为 20 s 时裂缝内部速度场分布图，以及流线、压力场等值线分布图。图中能够看到裂缝空间中的流体流动方向与压力传递之间的关系，压力等值面在裂缝宽度较宽的区域距离井筒较远，说明在同样的压力情况下，流体在裂缝宽度较宽的区域传递较快。流线图中能够看出流体主要通过裂缝宽度较宽的区域流动，对于接触和较狭窄的区域，流体将选择绕开该区域，在压降比较大的区域，流体的流动速度较大，流体能够快速地通过该区域。

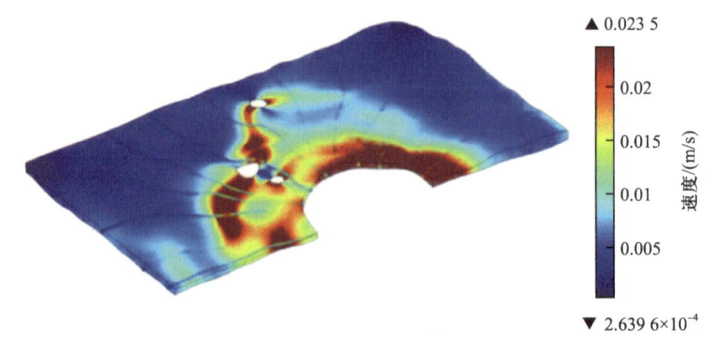

图 5-1-5　过平衡钻井低角度裂缝内部速度分布图

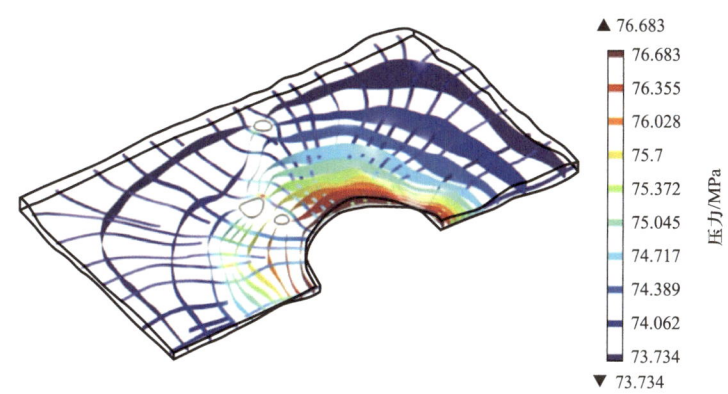

图 5-1-6　过平衡钻井低角度裂缝内部压力等值面图

如图 5-1-7 所示为过平衡钻井钻遇垂直于井筒方向低角度裂缝冯米塞斯应力分布图，该图仅分析流场对井周应力分布的影响。从图中可以得到，随着时间的增加，井筒周围的应力分布发生改变，变化最大的区域为裂缝与井筒相切的地方，该区域的应力较大，由于是过平衡钻井，受到正压差的作用，井筒周围的裂缝发生明显张开的现象，由于正压差并不大，裂缝位移较小，裂缝宽度变化较小。

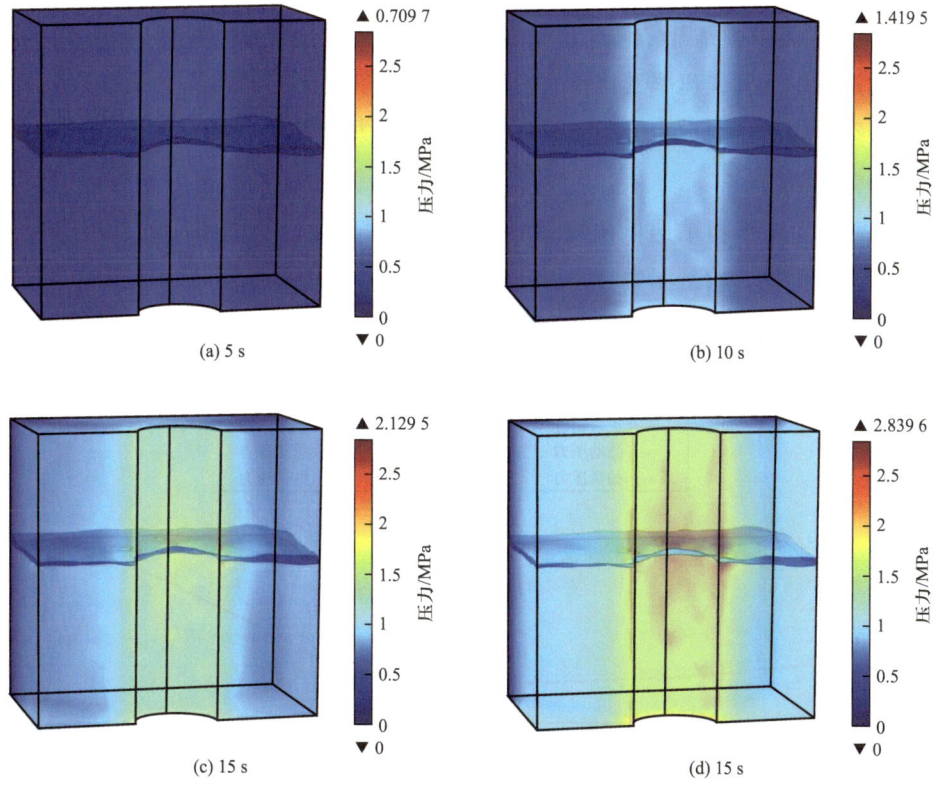

图 5-1-7　过平衡钻井低角度裂缝流场对应力场的影响分布图

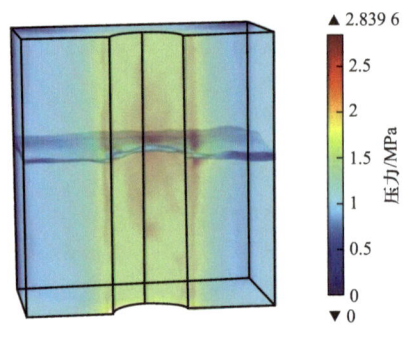

图 5-1-8 过平衡钻井低角度裂缝流场对应力场的影响比例放大图

因此将图 5-1-7 的位移以 1∶3 000 放大，得到如图 5-1-8 所示过平衡钻井低角度裂缝流场对应力场的影响比例放大图，能够从图中发现除了井眼附近的裂缝宽度增大以外，井筒区域的地层也发生了一定的扩径现象。

井筒处的裂缝应力较大，应力集中分布在裂缝局部区域应力增加的现象，通常会发生在裂缝变形较为急剧的区域范围内，例如缺口、孔洞、沟槽及具有刚性约束的地方。井筒附近的裂缝出现应力集中的现象，可能会对井壁稳定带来隐患。在钻井过程中，通过分析该区块钻井资料内容及测井资料数据，研究裂缝发育情况，包括裂缝走向、裂缝倾角、裂缝宽度等参数。当钻遇非储层段裂缝，钻井设计时应当考虑尽量避开裂缝较为发育的区域，尽量选择裂缝宽度较小的区域或者裂缝欠发育的区域进行钻进，从而确保井壁稳定和井下安全作业。如果无法避免钻遇裂缝较发育区域时，可以选择适当加大钻井液中的固相颗粒含量，这在一定程度上能够减小因裂缝造成井壁失稳带来的风险。

图 5-1-9 为过平衡钻井钻遇低角度裂缝时的漏失速率变化规律，可以看出压力在裂缝内传播的过程中，漏失速率变化较大。最开始阶段裂缝内的漏失速率较大，在压力传递结束以后，裂缝内的压力重新分布完成，裂缝内的漏失速率减小幅度较大，后期的裂缝漏失速率减小幅度缓慢。

图 5-1-10 为过平衡钻遇低角度裂缝时的累计漏失量，从图中能够看出过平衡钻井时，受到激动压力的影响，漏失量比正常钻进时要大，而受到抽吸压力的影响漏失量会比正常钻进时要小。累计漏失量整体变化趋势随着时间的增加而逐渐增大，呈非线性增加。

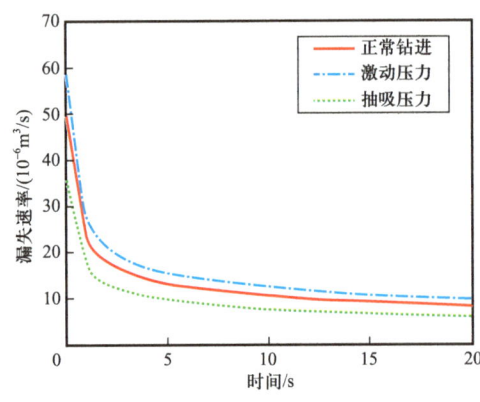

图 5-1-9 过平衡钻遇低角度裂缝时的漏失速率

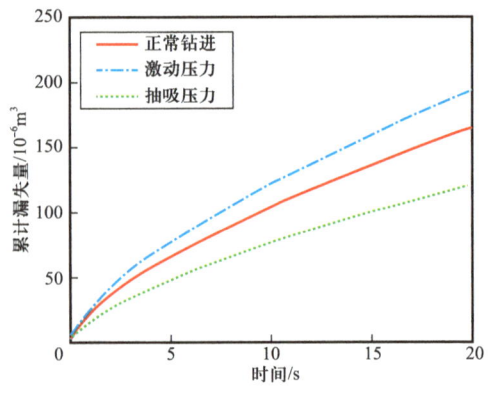

图 5-1-10 过平衡钻遇低角度裂缝时的累计漏失量

二、钻遇平行于井筒方向高角度裂缝

假设钻遇裂缝平行于井筒方向高角度裂缝,如图 5-1-11 所示,考虑二分之一井筒模型,对平行于井筒方向高角度裂缝进行井筒裂缝耦合瞬态求解计算,因为钻开裂缝过程压力传播较快,模型的几何尺寸比较小,设定求解时间为 20 s,时间步长设置为 1 s 进行仿真模拟计算。

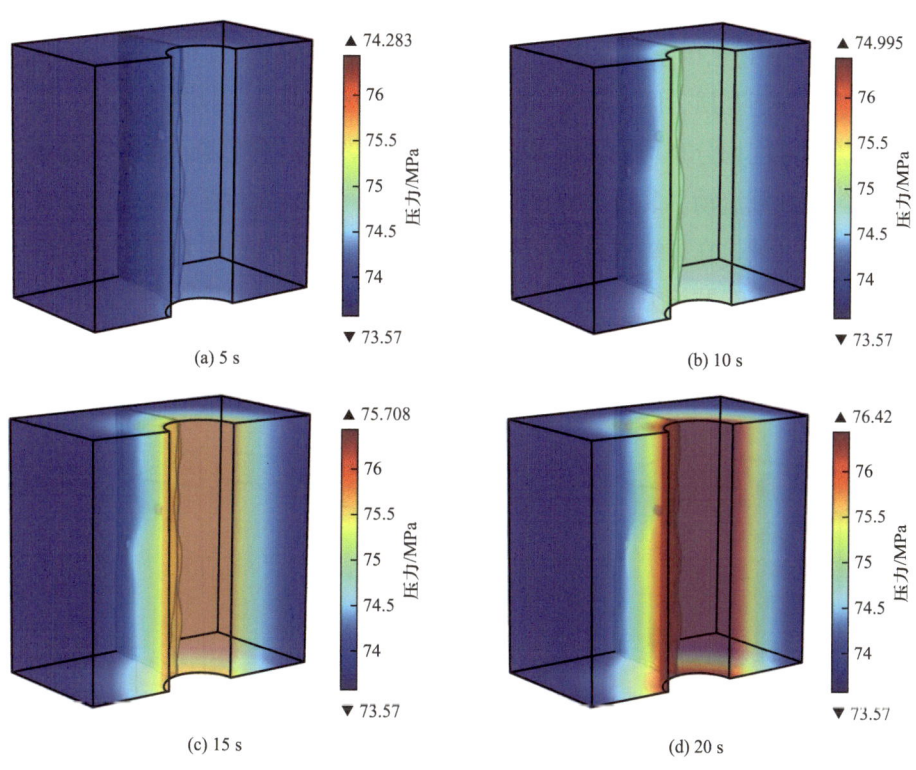

图 5-1-11 过平衡钻井高角度裂缝压力场分布图

图 5-1-11 为过平衡钻井平行于井筒方向高角度裂缝压力分布图,时间点分别为 5 s、10 s、15 s、20 s,井筒压力为 76.42 MPa。初始时刻基质与裂缝内的压力分布较为均匀,随着时间的增加,压力开始向地层方向传递,图中能够看到裂缝中的压力传递比基质内的传递快,尤其是在裂缝较宽和较为均匀分布的区域,基质内的压力分布均匀但是相比裂缝内的传递慢。

为了更为清晰地研究裂缝空间内的压力分布,将过平衡钻井平行于井筒方向高角度裂缝 20 s 时的裂缝空间模型提取出来分析,如图 5-1-12 所示,井筒压力为 76.42 MPa。

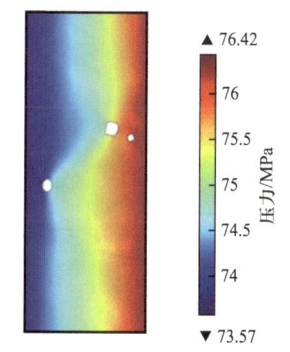

图 5-1-12 过平衡钻井高角度裂缝 20 s 时裂缝空间压力场分布图

由于建立的模型是天然裂缝，裂缝内的宽度分布不均匀，并且裂缝空间内部有接触面积，压力在裂缝空间内的传递分布不均匀，压力传递在裂缝空间接触部分受阻，并且裂缝宽度较宽的部分压力传递较快，压力在遇到裂缝空间接触的部分会选择绕开接触面积继续传播。在过平衡钻井钻遇平行于井筒方向上的裂缝时，钻井液内的固相颗粒会受到压差和重力的作用侵入地层深处，对裂缝渗流通道造成影响，在一定程度上影响压力的传递。

图 5-1-13 为过平衡钻井平行于井筒方向裂缝速度场分布图，时间分别为 5 s、10 s、15 s、20 s。流体受到正压差的作用流入基质，在基质内的渗流分布较为均匀。由于裂缝的导流能力明显强于基质，因此基质内的渗流速度较小，裂缝内的渗流速度较大。初始时刻裂缝内的流体速度场分布均匀，随着时间的变化，裂缝内的流体开始选择裂缝通道较宽分布较为均匀的区域流动。裂缝内的渗流速度随着时间的增加而逐渐增大，裂缝内的流体会选择绕开接触区域，在裂缝宽度较宽的区域流动。与过平衡钻遇垂直于井筒裂缝的渗流相比较，当裂缝垂直于井筒方向时，井筒附近的流体渗流速度明显要高于裂缝更深部的区域。而过平衡钻遇平行于井筒方向的裂缝时，井筒附近于裂缝更深部的速度分布较为均匀，并没有出现速度较快的区域集中在井筒周围的现象。

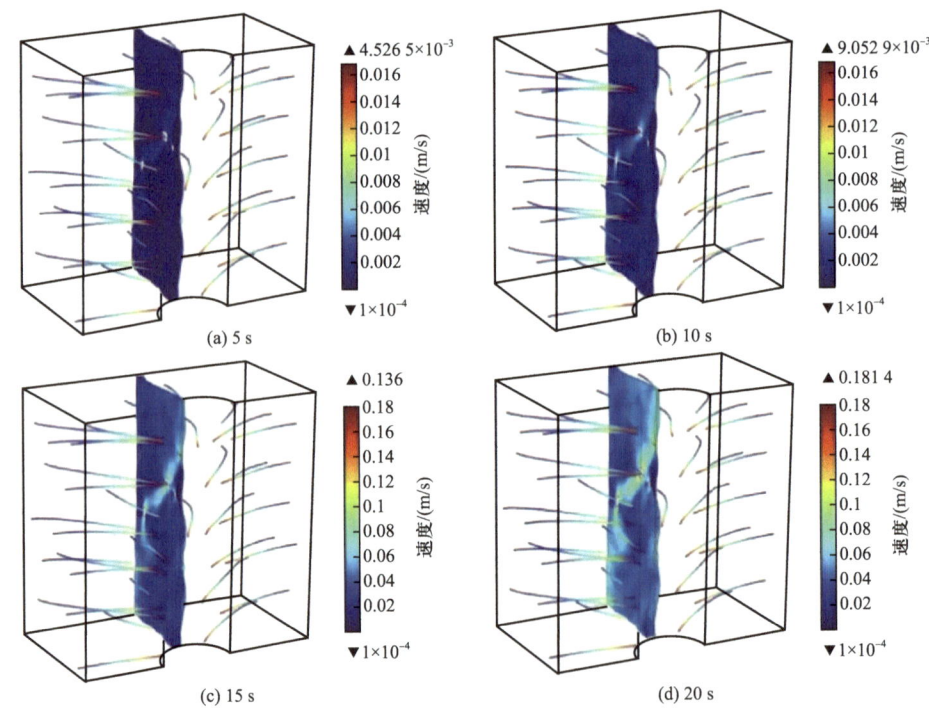

图 5-1-13　过平衡钻井高角度裂缝速度场流线分布图

图 5-1-14 为过平衡钻井平行于井筒方向高角度裂缝冯米塞斯应力分布图，这里分析的应力分布为仅受到流体作用时井周应力分布的变化，时间点依次为 5 s、10 s、15 s、20 s。

随着时间的增加，井周应力发生改变，这时改变集中在裂缝与井筒相切的区域内，裂缝周围的应力变化最大。

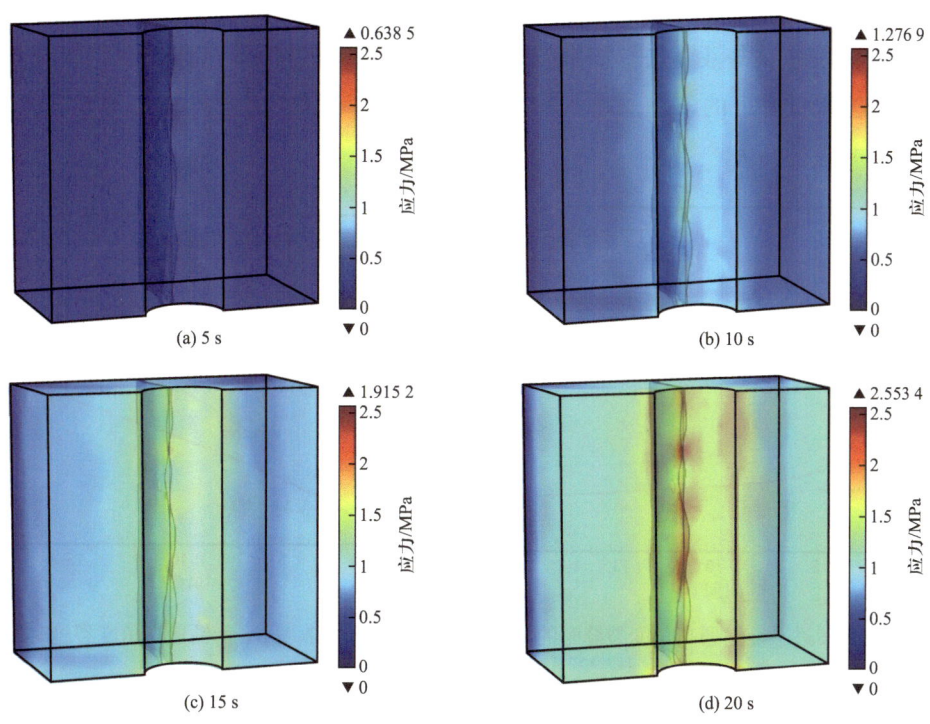

图 5-1-14 过平衡钻井高角度裂缝应力场分布图

由于受到正压差的作用，裂缝宽度发生改变，靠近井筒方向的裂缝宽度逐渐变大。后处理将图 5-1-14 比例放大，如图 5-1-15 所示，过平衡钻井高角度裂缝流场对应力场影响放大比例为 1:300，可以观察到裂缝的张开趋势，同时井筒也发生了扩径的现象。与钻遇垂直于井筒方向的裂缝相比，裂缝位移较小，裂缝宽度张开范围也较小，井壁稳定性比垂直于井筒的裂缝要好，基质区域的受力比较均匀，地层稳定性也较好。综上所述，过平衡钻井时由于受到正压差的影响，钻井液会流入裂缝中，并且侵入地层，钻井液的侵入会对裂缝宽度造成影响，并且裂缝受到的影响远大于基质地层。

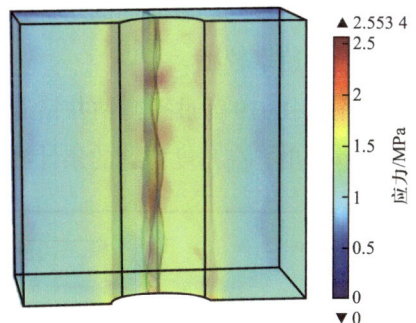

图 5-1-15 过平衡钻井高角度裂缝流场对应力场的影响 1:300 比例放大图

图 5-1-16 为过平衡钻井钻遇高角度裂缝时的漏失速率图，从图中能够看出，不同工况下的裂缝漏失速率曲线形态相似，整体呈非线性下降趋势。其受到激动压力的影响，漏失速率比正常钻进时的要大，而受到抽吸压力影响，漏失速率比正常钻进时的要小。

图 5-1-17 为过平衡钻遇高角度裂缝时的累计漏失量图，曲线随着时间的增加呈非线性增大。裂缝性地层受到钻井液的不断侵入，裂缝宽度逐渐增大，裂缝张开，裂缝内的渗透率也逐渐增大。而对于钻遇非储层段的裂缝时，由于裂缝的张开，如果钻井过程中钻遇到大裂缝则会发生钻井液漏失。如果裂缝的发育较好，钻井液大量漏失会严重损害地层，这时可以适当降低井下的压差，减小裂缝内的渗透率，而有效地减小渗透率能够在一定程度上控制钻井液的漏失。

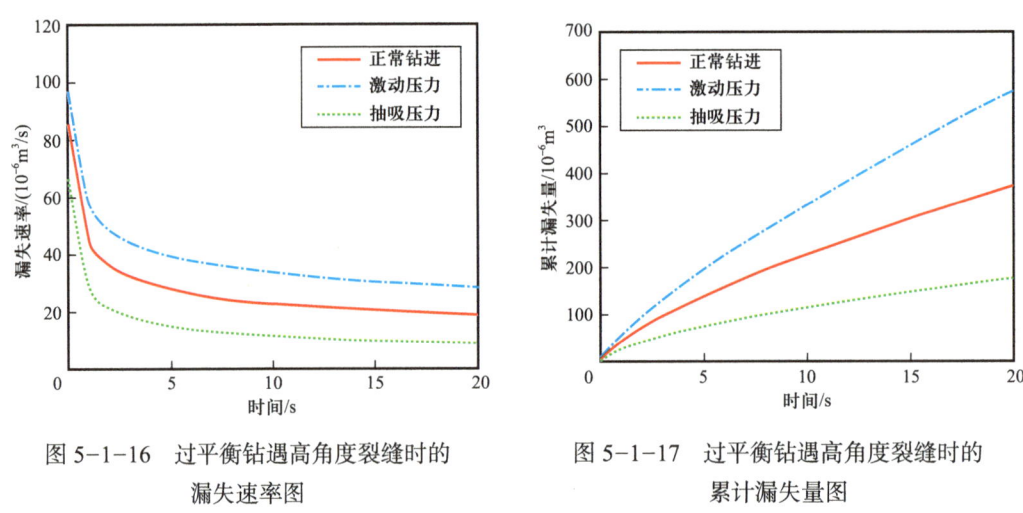

图 5-1-16　过平衡钻遇高角度裂缝时的漏失速率图

图 5-1-17　过平衡钻遇高角度裂缝时的累计漏失量图

图 5-1-18 为过平衡钻井钻遇低角度和高角度裂缝时漏失速率对比图，从图中能够看出，两条曲线均随着时间的增加，呈非线性减小，高角度裂缝的漏失速率较大，低角度裂缝的漏失速率较小。

图 5-1-19 为过平衡钻井钻遇低角度和高角度裂缝时的累计裂缝漏失量对比图，从图中能够看出，高角度裂缝的累计漏失量比低角度裂缝要大。

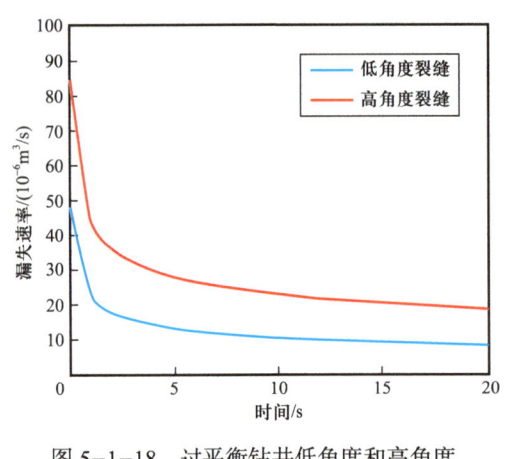
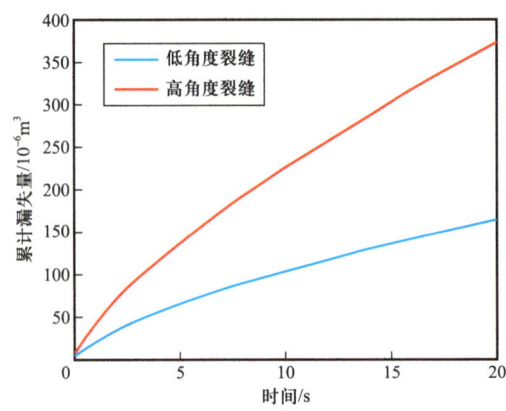

图 5-1-18　过平衡钻井低角度和高角度裂缝漏失速率对比图

图 5-1-19　过平衡钻井低角度和高角度累计裂缝漏失量对比图

综上所述，采用过平衡钻井时，由于正压差的作用，钻井液侵入裂缝性储层，裂缝张开，裂缝宽度变大，固相颗粒进入地层深处，对储层造成伤害。在钻开裂缝性储层时也会遇到溢漏同存的现象。溢漏同存指的是在钻井过程中，钻井液漏失，同时地层流体溢流的现象。因此如何在避免储层伤害的情况下选择合理的方式开采，以及在此基础上如何提高单井产能是进一步研究的方向。

第二节　不同接触关系下的井周裂缝耦合变形与流动

根据川东北元坝地区 X 井的钻井设计参数，计算得到嘉陵江组的相关参数，嘉陵江组深度为 5 442～5 920 m，地层压力梯度为 1.47～1.99 MPa/100 m，垂向地应力为 151.52 MPa，最大水平地应力为 186.12 MPa，最小水平地应力为 127.30 MPa，原始地层压力为 82.50 MPa，井底压力为 88.94 MPa，岩石基质的杨氏模量设定为 32 410 MPa，泊松比为 0.255，岩石密度为 2 650 kg/m³，流体假设为水，密度为 1 000 kg/m³，黏度为 1 mPa·s，JRC 为 16.72，分形维数为 2.162，裂缝内的渗透率为变量，基质中的渗透率为 0.1 mD，基质的孔隙度为 6.92%，裂缝的孔隙度为 1.13%，将得到的数据作为数值仿真模拟计算的基础参数。当流体进入裂缝内，将导致基质与裂缝内的流体压力分布发生变化，导致裂缝内的渗透率发生变化，从而改变裂缝内流体的压力分布。结合实际钻井作业环境，分析裂缝、井周及基岩的应力场和流场的变化，进一步研究在中厚层裂缝网络与井筒耦合渗流过程中受到井周应力的影响下，裂缝变形时的裂缝网络渗流机理。

一、平行裂缝网络与井筒耦合流动

1. 忽略节理缝的影响

本书建立的平行裂缝网络与井筒耦合渗流几何模型，忽略基质中的节理缝，将基质考虑为多孔弹性介质，利用数值仿真技术，计算得到井筒与平行裂缝网络耦合渗流的压力分布。整个模型计算时间为 6 h，时间步长为 0.1 h，选取裂缝内压力变化明显的时间点，分别为 0.1 h、0.2 h、0.3 h 和 0.5 h，结果如图 5-2-1 所示。当时间为 0.1 h 时，由于井筒内压力高于原始地层压力，钻遇裂缝处的压力迅速上升，沿着裂缝的延伸方向传播，整个裂缝网络中压力有一定的升高。由于基质的渗透率远远低于裂缝的渗透率，所以基质内的压力上升不明显。压力经过 0.5 h 的传播，裂缝网络内的压力处于一种相对平稳的状态，而此时基质内的压力低于裂缝内的压力，导致裂缝内的压力向基质中传播，整个系统中基质内压力从 80.3 MPa 上升到 81.3 MPa。从压力云图中可以看到，裂缝是压力传播的主要通道，也是井筒内流体漏失的主要通道。

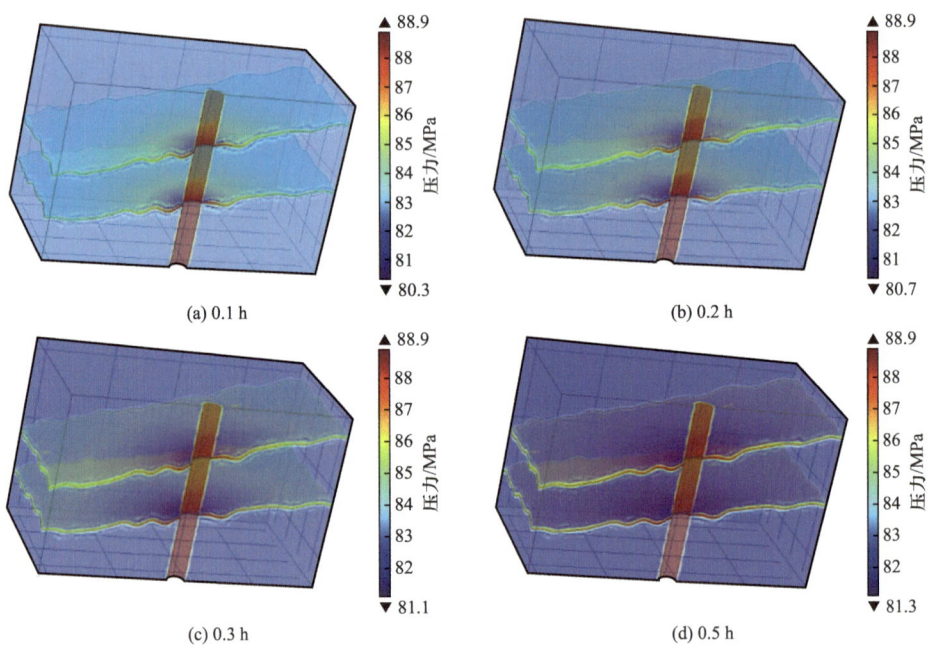

图 5-2-1　忽略节理缝平行裂缝网络与井筒耦合渗流的压力分布

选择与井筒连通的裂缝迹线，计算在井筒与裂缝网络流固耦合渗流过程中沿裂缝延伸方向上各点的总位移随时间的变化，选择的时间点依次为 1 h、2 h、3 h、4 h、5 h 和 6 h。计算结果如图 5-2-2 所示，裂缝迹线上各点的总位移是随时间增加而增大的。由于裂缝

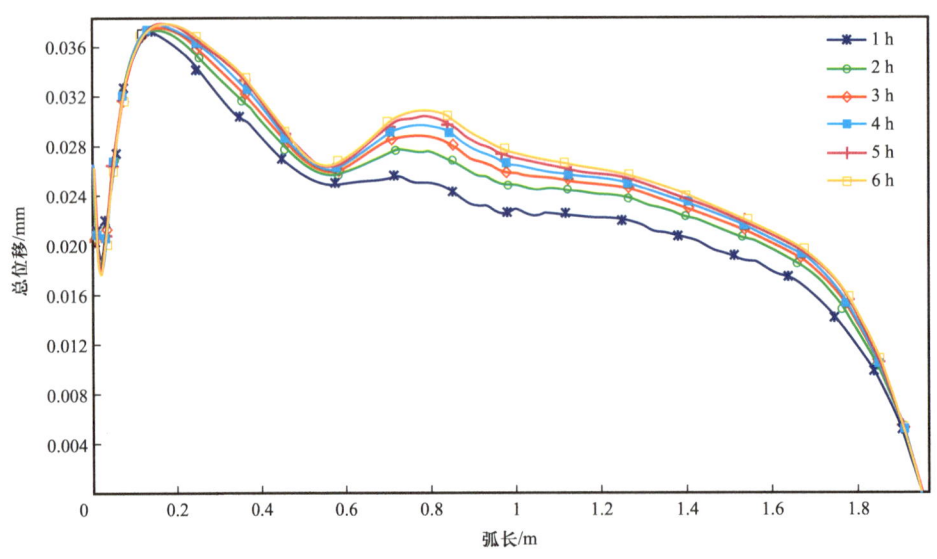

图 5-2-2　裂缝迹线上各点总位移随时间变化的曲线

面的粗糙程度不同，导致裂缝上各点的总位移随时间变化的数值是不同的。在模型的边界，设置的边界条件是固定边界，所以在模型附近的裂缝迹线上的位移变化为0。

为了更加清晰地分析裂缝网络与井筒耦合渗流过程中，流体进入裂缝内对裂缝开度的影响，在井筒附近的裂缝内选取了一个三维截点，坐标为（2.5，3.8，0.1），计算了该截点在耦合渗流过程中位移场 x 分量、y 分量、z 分量及总位移的变化规律，计算结果如图 5-2-3 所示。图中的正负号代表沿 x-y-z 坐标系中位移的方向。结果显示，总位移的范围在 0.009～0.018 mm 之间，沿位移场 x、z 分量为主要的位移方向，位移场 y 分量上的位移为次要位移方向。随着时间的推移，位移场 x 分量、y 分量、z 分量及总位移增量逐渐降低，最后趋于稳定。

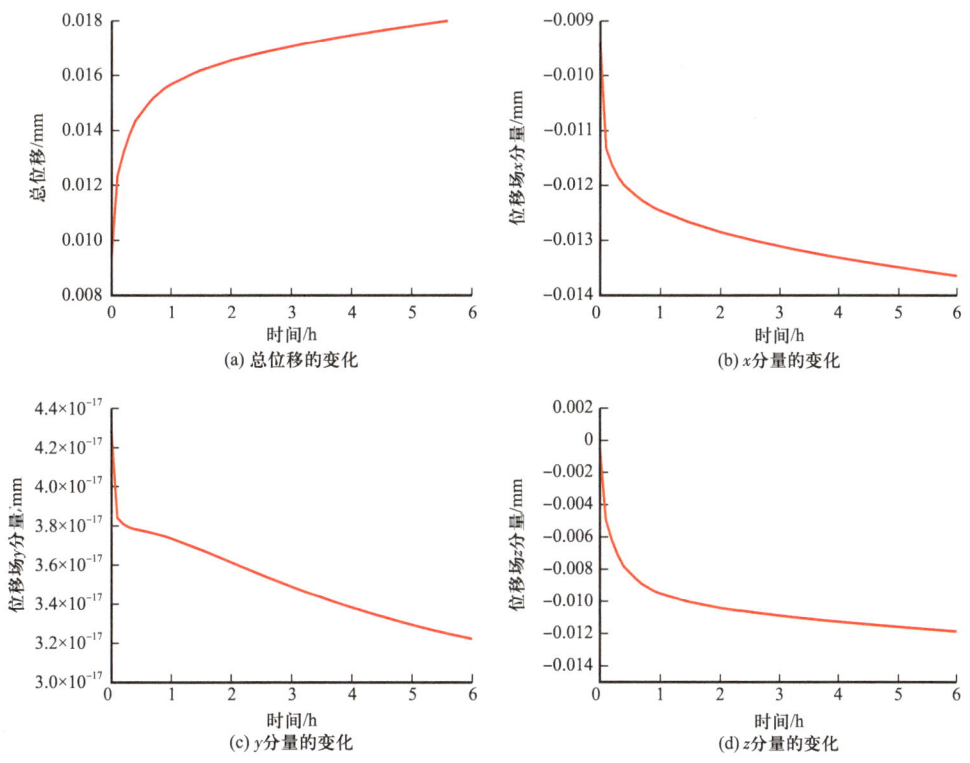

图 5-2-3　平行裂缝网络井筒附近裂缝内某点位移的变化

对忽略基质内节理缝的裂缝内渗透率随时间的变化进行了计算，计算结果如图 5-2-4 所示。结果显示，渗透率随时间的增加而有增大的趋势，开始时变化特别明显，后面增大趋势变缓，趋于平稳。

图 5-2-5 为忽略基质内节理缝的裂缝漏失速率和累计漏失量的变化规律。计算总时间为 6 h，整个模型中裂缝漏失速率呈下降趋势，0～1 h 的裂缝漏失速率变化比较明显，1～6 h 的裂缝漏失速率变化则相对平稳，压力在裂缝内传播的过程中，漏失速率变化较

大。开始阶段，裂缝内的漏失速率较大，在压力传递结束后裂缝内的压力重新分布。从计算结果中可以得出，裂缝累计漏失量随时间增加而增大，并计算 6 h 后的井筒与裂缝网络耦合渗流导致流体的累计漏失量为 15.45 m³。

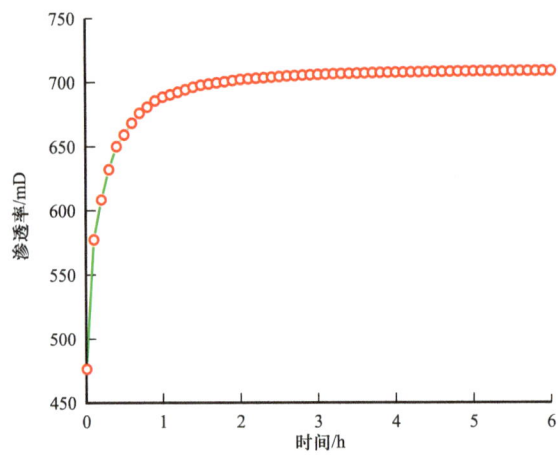

图 5-2-4 平行裂缝网络井筒附近裂缝内部某点渗透率随时间的变化

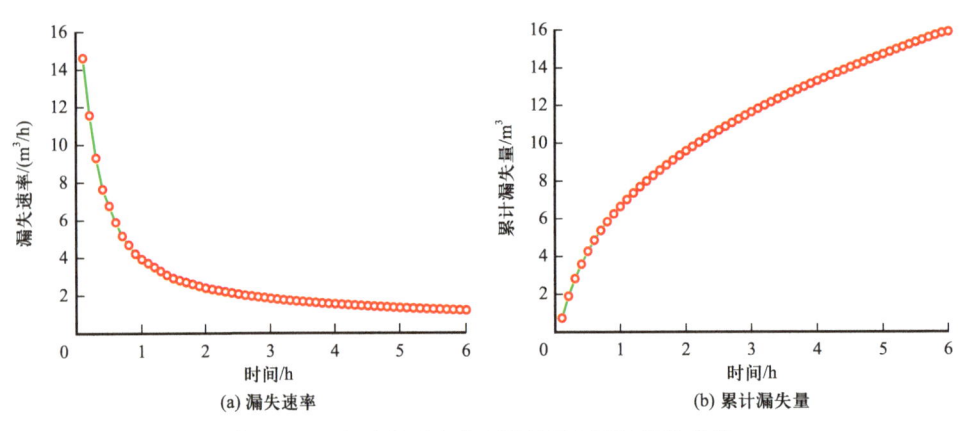

(a) 漏失速率   (b) 累计漏失量

图 5-2-5 忽略基质内节理缝的平行裂缝漏失曲线

2. 考虑节理缝的影响

实际井下地层中存在层间裂缝，基质中也包含有许多微小节理缝，在忽略基质内部微小节理缝的基础上，计算得到井筒与平行裂缝网络耦合渗流的压力分布，结果如图 5-2-6 所示，时间点分别为 0.1 h、0.2 h、0.3 h 和 0.5 h。对比图 5-2-1 和图 5-2-6 可以发现，考虑基质内节理缝后，井筒附近基质压力明显上升，压力在裂缝中传播的同时，裂缝附近的基质压力也有明显增大。

在井筒附近的裂缝内选取一个三维截点，坐标为（2.5，3.8，0.1），计算得到该截点在耦合渗流过程中位移场 x 分量、y 分量、z 分量及总位移的变化规律，结果如图 5-2-7

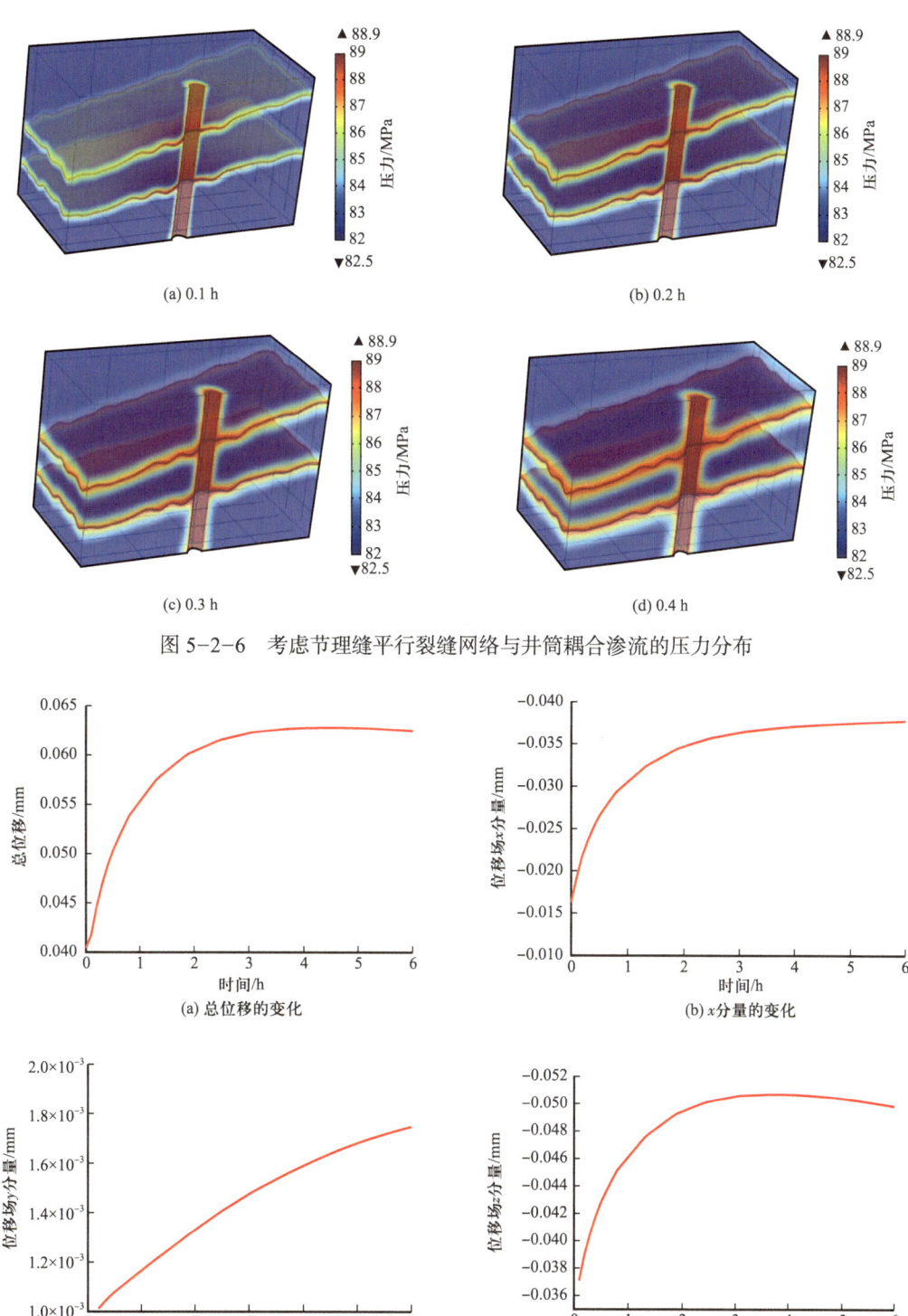

图 5-2-6 考虑节理缝平行裂缝网络与井筒耦合渗流的压力分布

图 5-2-7 平行裂缝网络井周裂缝内某点处位移的变化

所示，图中的正负号代表沿 x–y–z 坐标系中位移的方向。结果显示，总位移的变化范围在 0.04~0.063 mm 之间，未考虑基质内节理缝时总位移的变化范围为 0.009~0.018 mm，计算所得总位移的数值变化范围相对未考虑基质内节理缝的更大。总位移的变化可以反映裂缝宽度的变化，如果考虑基质内的节理缝，裂缝宽度的增量会相对增加。

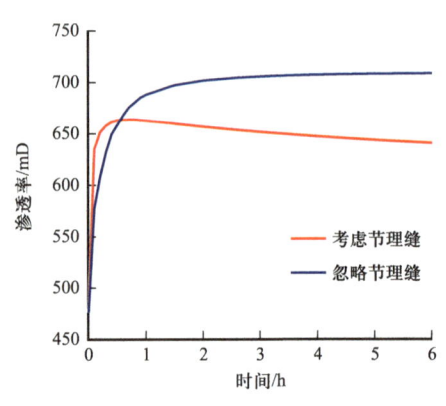

图 5-2-8　平行裂缝网络裂缝内部某截点渗透率随时间的变化

对比该截点处未考虑基质内节理缝与考虑基质内节理缝的裂缝内渗透率随时间的变化规律，如图 5-2-8 所示。结果显示，在 0~0.5 h 之间，二者的渗透率随时间的变化特别明显，呈现出急剧上升的现象，这是由于在钻井作业过程中，钻遇裂缝后，井筒内的流体进入裂缝内，作用在裂缝上的有效应力降低。在 0.5~6 h 之间，二者的渗透率趋于稳定，考虑基质内节理缝该截点的渗透率趋于 643.21 mD，未考虑基质内节理缝该截点的渗透率趋于 751.31 mD。原始地层压力、裂缝内压力和 z 轴方向上节理缝内的压力，导致了裂缝内的渗透率出现一定的降低。

图 5-2-9 为中厚层裂缝网络与井筒耦合渗流过程中，考虑基质内节理缝与未考虑基质内节理缝的平行裂缝网络中裂缝漏失的规律。开始阶段裂缝漏失速率呈下降趋势，裂缝内的漏失速率较大，在压力传递结束后，裂缝内的压力重新分布，后期的裂缝漏失速率趋于平稳，考虑基质内节理缝的累计漏失量要远大于未考虑基质内节理缝的累计漏失量。这是因为，将基质和基质内的节理缝考虑为双重介质，比未考虑节理缝的基质的渗透率更高，而井筒与基质的接触面积远大于与主裂缝接触的面积，这导致了考虑基质内节理缝得到的累计漏失量更大。

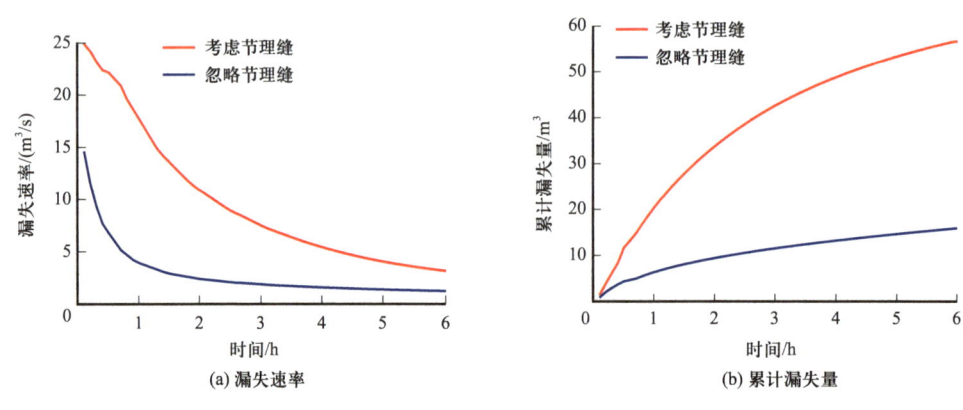

(a) 漏失速率　　　　　　　　　　(b) 累计漏失量

图 5-2-9　考虑基质内节理缝的平行裂缝漏失曲线

二、剪切裂缝网络与井筒耦合流动

通过野外剖面观测与描述发现，研究区块目的层对应的露头剖面中存在大量的剪切层理缝构成的中厚层裂缝网络，剪切缝之间以一定的夹角剪切连接，根据川东北元坝 X 井地质力学参数及岩石基础数据，利用 COMSOL 有限元仿真技术软件，对中厚层交错裂缝网络与井筒耦合流动规律进行研究。

1. 忽略节理缝的影响

通过计算得到井筒与交错裂缝网络耦合渗流的压力分布，结果如图 5-2-10 所示，时间分别为 0.1 h、0.2 h、0.3 h 和 0.5 h。从压力云图中可以得到，压力沿裂缝延伸方向传递快，井筒与基质接触的地方压力传递比较缓慢。随着流体向裂缝中运动，导致整个系统中裂缝和基质的压力都会增大。对比分析平行裂缝网络与剪切裂缝网络压力分布，裂缝网络是压力传播的主要通道，由于未考虑基质内节理缝，所以在井筒附近及裂缝附近的基质压力在数值及范围方面的变化不是特别明显。

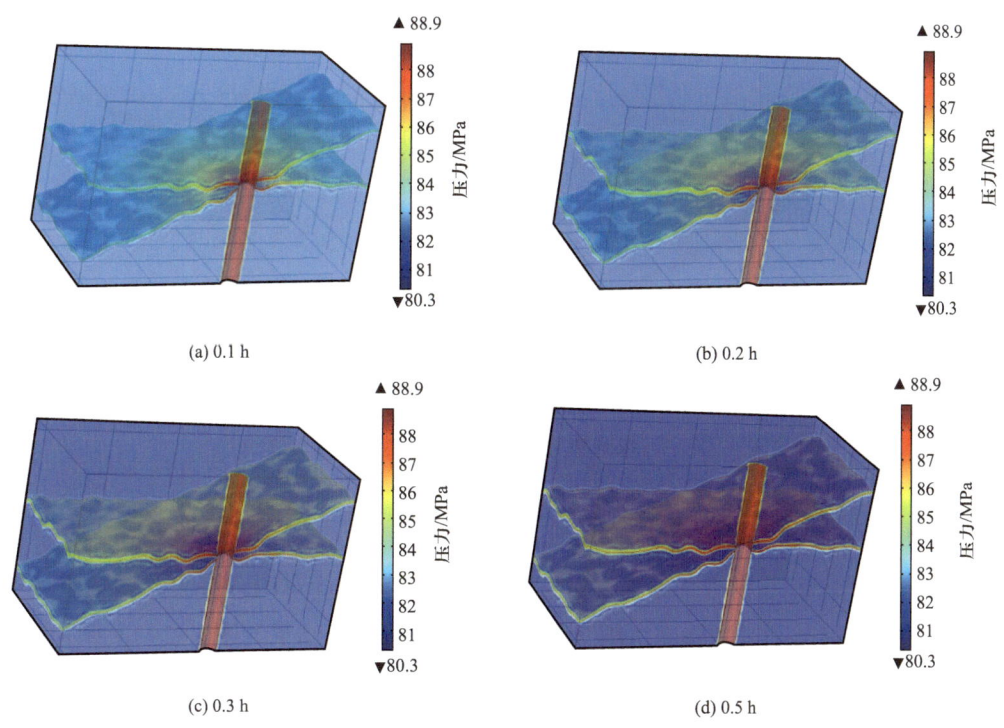

图 5-2-10 忽略节理缝交错裂缝网络与井筒耦合渗流的压力分布

交错裂缝网络与井筒耦合流动的过程中，随着流体进入裂缝，系统中基质与裂缝的压力分布将发生改变，由于流固耦合作用，裂缝开度发生变化。为了定量描述裂缝开度的变化规律，在井筒附近的裂缝内选取一个三维截点，坐标为（2.5，3.8，0.1），计算该截点

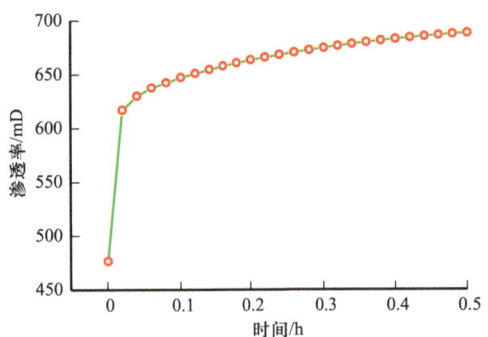

图 5-2-11 井筒附近裂缝内部某点渗透率随时间的变化

在耦合渗流过程中位移场 x 分量、y 分量、z 分量及总位移的变化规律。结果显示，随着时间的推移，位移场 x 分量、y 分量、z 分量及总位移增量逐渐降低，最后趋于稳定。

对忽略基质内节理缝的交错裂缝网络内渗透率随时间的变化进行了计算，结果如图 5-2-11 所示，结果显示，渗透率随时间的增加而有增大的趋势，开始时刻变化特别明显，后面增大趋势变缓，趋于平稳。

图 5-2-12 为忽略基质内节理缝的交错裂缝漏失速率和累计漏失量变化的规律，计算总时间为 0.5 h，整个模型中裂缝漏失速率是呈下降趋势，漏失速率最后趋于 3.3 m³/h。裂缝累计漏失量随时间增加而增大，计算 0.5 h 后的井筒与裂缝网络耦合渗流导致流体的累计漏失量为 2.9 m³。

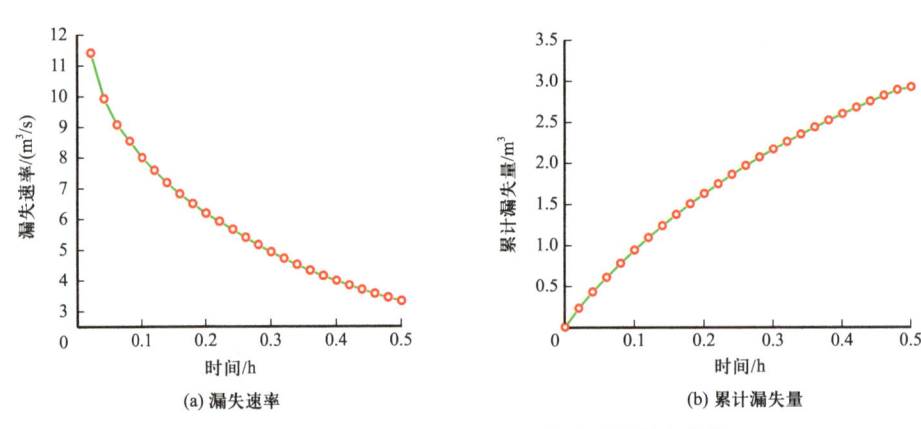

(a) 漏失速率   (b) 累计漏失量

图 5-2-12 忽略基质内节理缝的交错裂缝漏失曲线

2. 考虑节理缝的影响

在忽略基质内节理缝的基础上，对考虑基质内的节理缝对耦合渗流的影响进行了计算，计算得到井筒与平行裂缝网络耦合渗流的压力分布图，结果如图 5-2-13 所示。对比图 5-2-10 和图 5-2-13 可以发现，压力在裂缝内的传播规律基本一致，均沿裂缝延伸方向传播。考虑基质内节理缝，与忽略基质内节理缝不同的是，交错缝相交处的基质内压力明显上升，井筒附近基质压力明显上升，压力在裂缝中传播的同时，裂缝附近的基质压力也有明显增大。

在井筒附近的裂缝内选取一个三维截点，坐标为（2.5，3.8，0.1），计算得到该截点在耦合渗流过程中位移场 x 分量、y 分量、z 分量及总位移的变化规律，结果如图 5-2-14

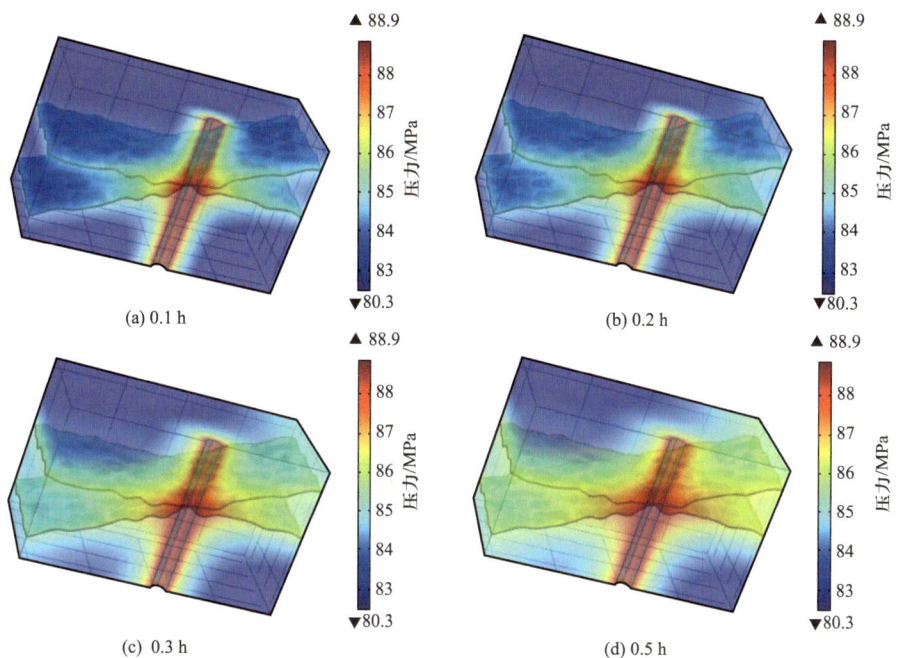

图 5-2-13　考虑节理缝剪切裂缝网络与井筒耦合渗流的压力分布

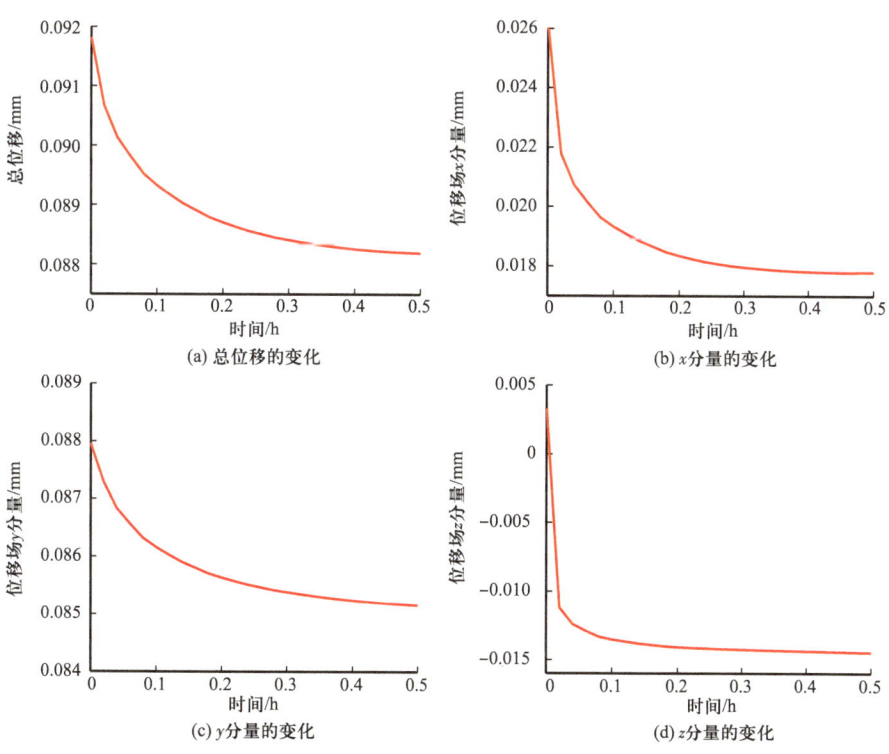

图 5-2-14　交错裂缝网络井周裂缝内某点位移的变化

所示，图中的正负号代表沿 x-y-z 坐标系中位移的方向。结果显示，总位移的数值变化范围比较小，变化范围为 0.088～0.092 mm，该截点在井筒压力、地层压力及地层地应力相互作用下，最大位移变化量为 0.004 mm。根据位移场 x 分量、y 分量、z 分量的计算结果，沿位移场 x 分量、z 分量为主要的位移方向，位移场 y 分量为次要位移方向。随着时间的推移，位移场 x 分量、y 分量、z 分量及总位移增量逐渐降低，最后趋于稳定。

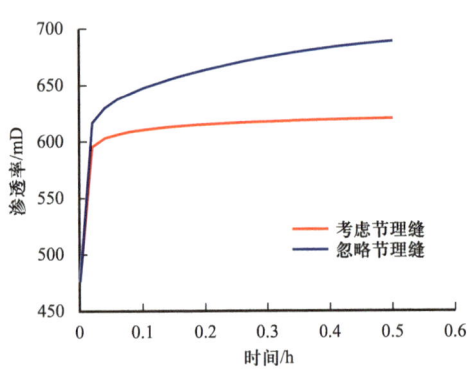

图 5-2-15 剪切裂缝网络裂缝内部某截点渗透率随时间的变化

未考虑基质内节理缝与考虑基质内节理缝的裂缝内渗透率随时间的变化规律，如图 5-2-15 所示。对比结果显示，在 0～0.5 h 之间，二者的渗透率随时间的变化特别明显，呈现出急剧上升的现象，上升趋势是大致相同的；在 0.5～6 h 之间，二者的渗透率趋于稳定，考虑基质内节理缝该截点的渗透率趋于 621.12 mD，未考虑基质内节理缝该截点的渗透率趋于 698.25 mD。

图 5-2-16 为中厚层裂缝网络与井筒耦合渗流过程中，考虑基质内节理缝与未考虑基质内节理缝的剪切裂缝网络中裂缝漏失的规律。开始阶段裂缝漏失速率呈下降趋势，裂缝内的漏失速率较大，在压力传递结束后，裂缝内的压力重新分布，后期的裂缝漏失速率趋于平稳。经过 0.5 h 的漏失后，考虑基质内节理缝的累计漏失量为 4.69 m³，未考虑基质内节理缝的累计漏失量为 2.92 m³，所以考虑基质内节理缝的累计漏失量要大于未考虑基质内节理缝的累计漏失量。

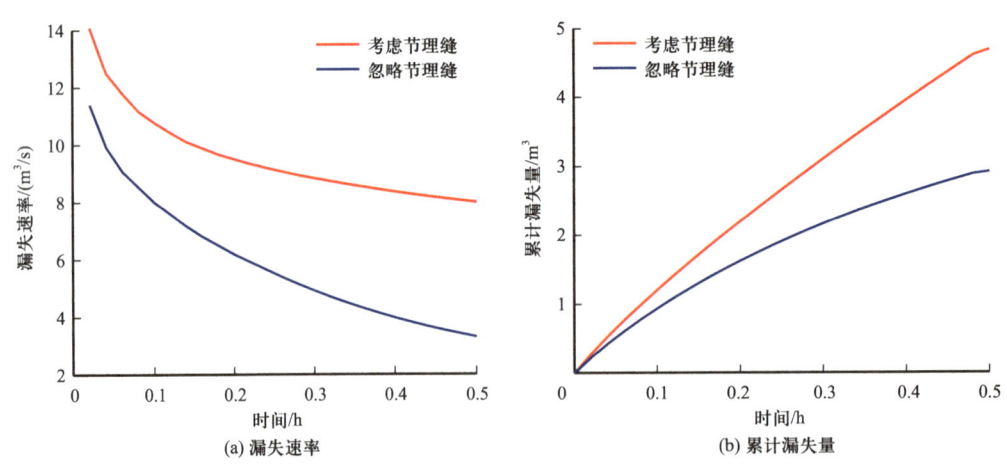

(a) 漏失速率   (b) 累计漏失量

图 5-2-16 考虑基质内节理缝的剪切裂缝漏失曲线

第三节 地层裂缝网络与井筒的耦合流动

由于受到钻井工况的影响,基质与裂缝的压力分布会发生改变,裂缝内的渗透率发生变化,从而改变裂缝内流体的压力分布。因此本书结合不同钻井工况分析裂缝、井周及基岩的应力场和流场的变化,研究钻遇裂缝时受到井周应力的影响,从而导致裂缝变形时的裂缝渗流机理。

根据露头剖面裂缝网络与井下裂缝网络相似性原则,在通过对露头剖面裂缝网络观测与描述得到二维裂缝网络几何模型的基础上,结合对应地层裂缝网络所处地质力学环境、钻井施工参数及岩石力学参数,就可以将露头观察与描述得到的裂缝网络回归到井下,进行钻井作业环境二维裂缝网络与井筒耦合流动规律的研究。根据川东北元坝地区 X 井的钻井设计参数及地质设计参数,计算得到嘉陵江组深度为 5 500 m 处的相关参数,将得到的数据作为研究裂缝网络与井筒耦合渗流规律的数值仿真计算的基本参数,见表 5-3-1。

表 5-3-1 数值仿真参数设置

基本参数	符号	单位	取值
基质杨氏模量	E_1	MPa	32 410
基质泊松比	μ_1	1	0.255
岩石密度	ρ_1	kg/m³	2 650
岩石压缩系数	C_{f1}	MPa⁻¹	1.564×10^{-2}
基质孔隙度	ϕ_1	%	6.92
基质渗透率	k_1	mD	0.1
裂缝孔隙度	ϕ_2	%	1.13
裂缝渗透率	k_2	mD	变量
流体密度	ρ_2	kg/m³	1 000
流体黏度	ν	mPa·s	1
流体压缩系数	C_{f2}	MPa⁻¹	4.51×10^{-2}
水平最大主应力	σ_H	MPa	186.12
水平最小主应力	σ_h	MPa	127.30
垂向地应力	σ_v	MPa	151.52
井底压力	p_w	MPa	88.94
原始地层压力	p_e	MPa	82.50
初始裂缝宽度	d	mm	1.68
井眼直径	r_w	mm	314.1

研究裂缝网络与井筒耦合渗流规律，考虑钻遇裂缝网络的三种情况：钻遇单条裂缝、多条裂缝和基质，建立裂缝网络与井筒耦合渗流模型如图 5-3-1、图 5-3-2 和图 5-3-3 所示。

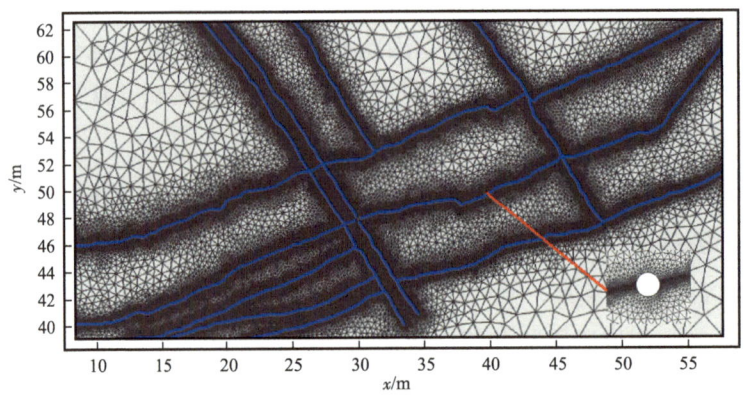

图 5-3-1　钻遇单条裂缝几何模型

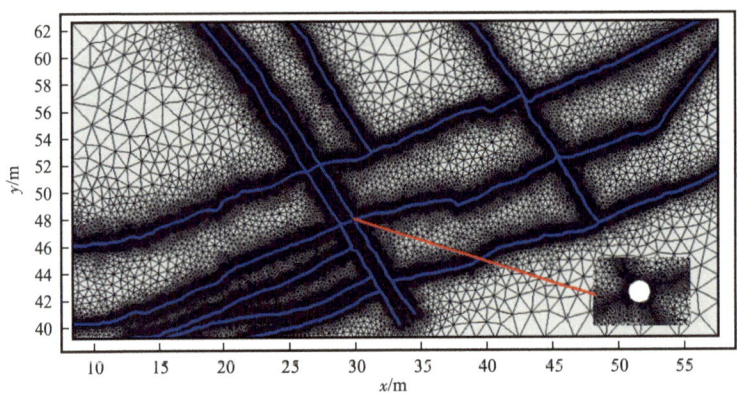

图 5-3-2　钻遇多条裂缝几何模型

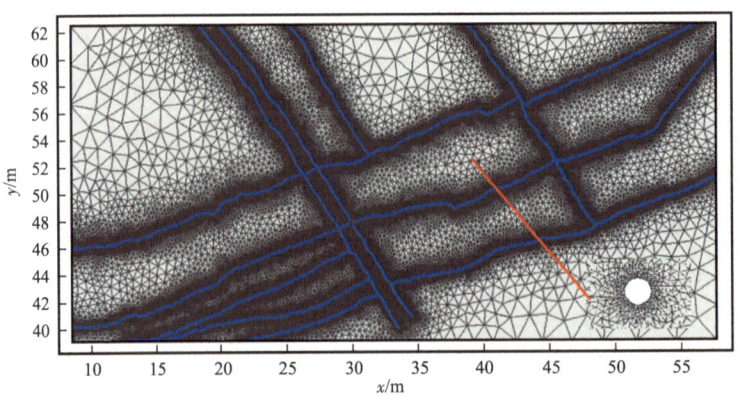

图 5-3-3　钻遇基质几何模型

一、钻遇单条裂缝

本书使用根据图 5-3-1 建立的裂缝网络与井筒耦合几何模型。钻井过程中,钻遇裂缝网络中的单条裂缝情况,利用有限元仿真计算,对模型采用瞬态求解,计算的时间步长为 2 h,分别对裂缝网络与井筒耦合渗流过程中的压力分布、位移场、裂缝开度、裂缝渗透率、漏失速率和累计漏失量随时间的动态变化进行了相应的研究。

图 5-3-4 为钻遇单条裂缝时裂缝网络与井筒耦合渗流的压力分布图,时间分别为 0.5 h、1 h、1.5 h 和 2 h。当时间为 0.5 h 时,由于井筒内压力高于原始地层压力,钻遇裂缝处的压力迅速上升,沿着裂缝的延伸方向传播,整个裂缝网络中的压力有一定的升高。由于基质的渗透率远低于裂缝的渗透率,所以基质内的压力上升不明显,压力经过 2 h 的传播,裂缝网络内的压力处于一种相对平稳的状态。而此时基质内的压力低于裂缝内的压力,导致裂缝内的压力向基质中传播,但是这个过程是缓慢的。从压力云图中可以看出,裂缝是压力传播的主要通道,也是井筒内流体漏失的主要通道。

在井筒附近的裂缝内部选取一个二维截点,坐标为(37.5,48.3),计算该截点在井筒与裂缝网络流固耦合渗流过程中位移的变化规律,计算结果如图 5-3-5 所示。井筒与裂缝网络流固耦合渗流过程中裂缝位移的变化较小,但是刚钻遇裂缝时,由于压差作用,裂缝会出现突然张开的现象,但是当流体进入裂缝内部后,裂缝内的压力上升,作用在裂缝上的有效应力降低,裂缝的位移随着时间趋于平稳。根据裂缝位移随时间变化的过程可以得到,刚钻开裂缝时,由于地层压力和井底存在压差,裂缝有一定程度地张开,压差越大,裂缝的张开程度越大,进而会加剧钻井液的漏失。

裂缝内渗透率并不是恒定不变的,而在井筒与裂缝网络耦合渗流过程,裂缝内渗流率会随时间发生变化,计算结果如图 5-3-6 所示。渗透率随时间的增加而有增大的趋势,开始时刻变化特别明显,后面增大趋势变缓,趋于平稳,这是由作用在裂缝上有效应力导致的,和裂缝开度的变化趋势基本是相同的。对于非储层裂缝,裂缝渗透率增大,也会加剧钻井液的漏失,钻井液侵入储层裂缝中。由于裂缝渗透率增大,侵入范围也会加大,增大了钻井液对储层的损害。

图 5-3-7 为钻遇单条裂缝时的漏失速率变化规律,可以看出压力在裂缝内传播的过程中,漏失速率变化较大。开始阶段,裂缝内的漏失速率较大,在压力传递结束后,裂缝内的压力重新分布,后期的裂缝漏失速率趋于平稳,漏失速率最后趋于 2.59 m^3/h。

图 5-3-8 为钻遇单条裂缝时的累计漏失量,其数值随时间增加而增大,从计算结果可以得出,计算至 2 h 时,整个裂缝网络中的压力并未达到平衡,当达到平衡后,累计漏失量随时间的变化趋于平稳状态,计算 2 h 后,井筒与裂缝网络耦合渗流导致流体的累计漏失量为 6.45 m^3。

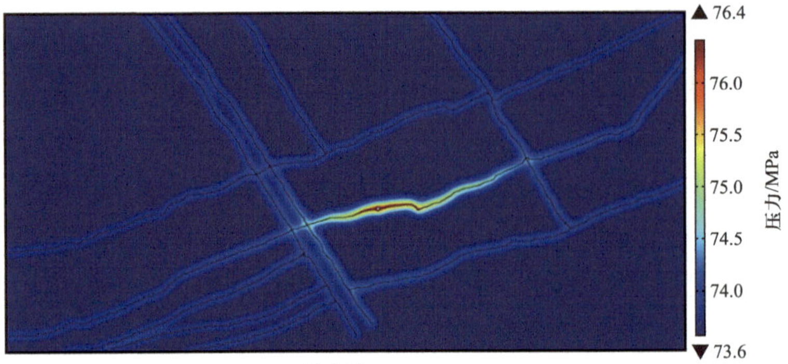

(a) 0.5 h

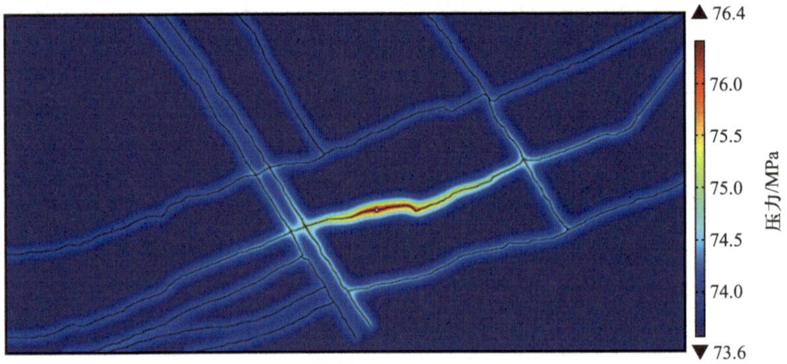

(b) 1 h

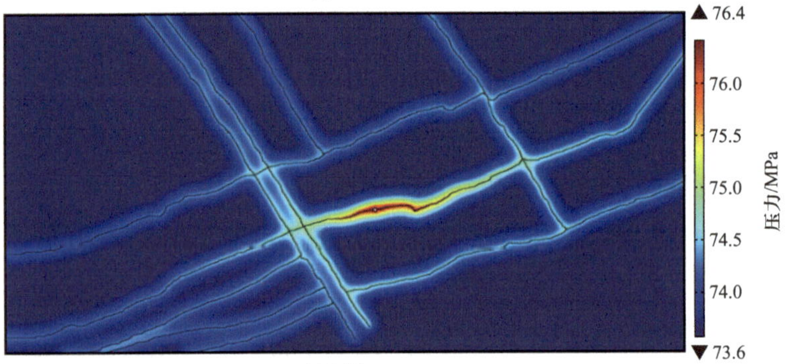

(c) 1.5 h

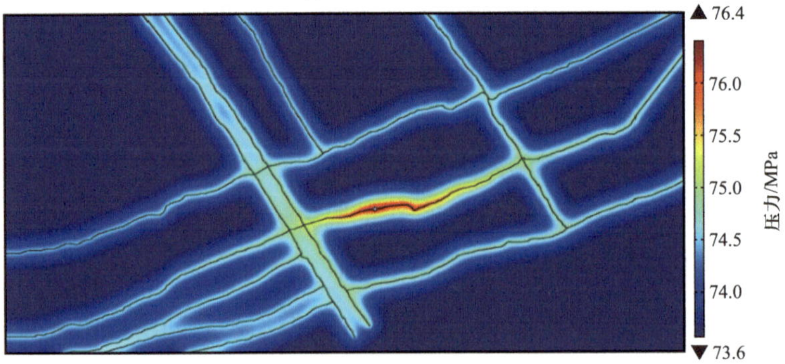

(d) 2 h

图 5-3-4　钻遇单条裂缝时裂缝网络与井筒耦合渗流的压力分布图

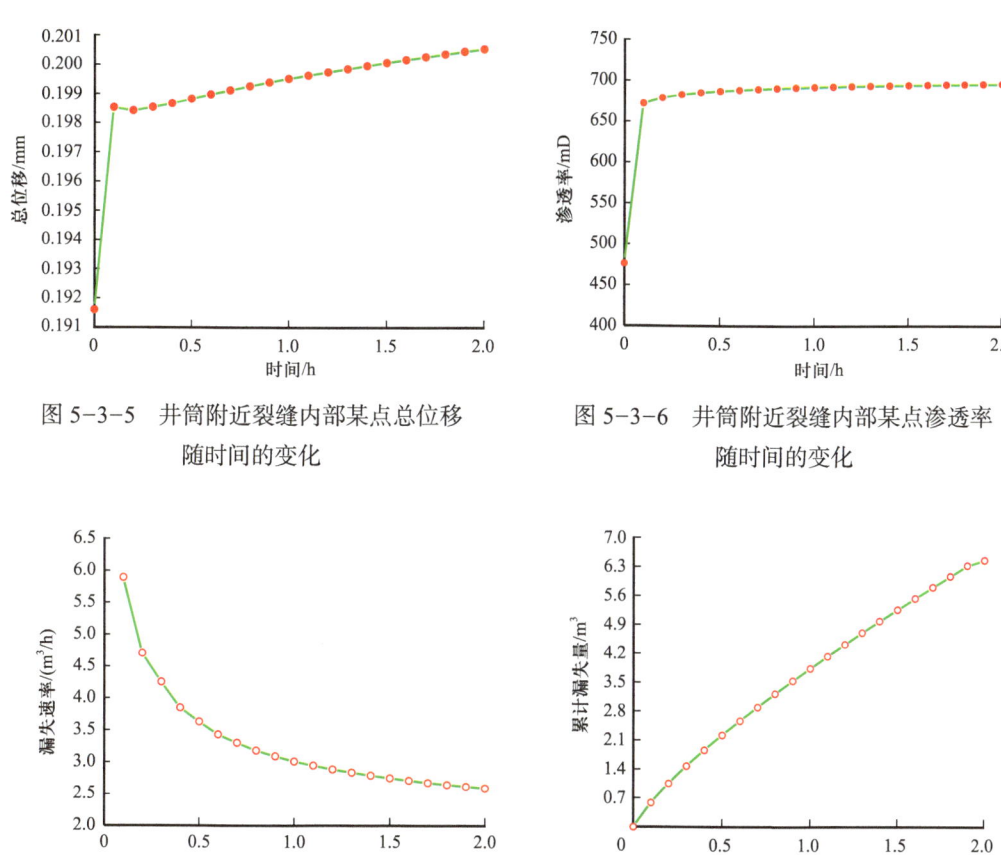

图 5-3-5　井筒附近裂缝内部某点总位移随时间的变化

图 5-3-6　井筒附近裂缝内部某点渗透率随时间的变化

图 5-3-7　钻遇单条裂缝时的漏失速率

图 5-3-8　钻遇单条裂缝时的累计漏失量

二、钻遇多条裂缝

钻井过程中，除了上述数值计算得到的钻遇单条裂缝的情况，更多的情况应该是钻遇多条裂缝，根据图 5-3-2 建立的裂缝网络与井筒耦合几何模型，利用有限元仿真计算，对模型进行瞬态求解，计算的时间步长为 2 h，分别对裂缝网络与井筒耦合渗流过程中的压力分布、位移场、裂缝开度、裂缝渗透率、漏失速率和累计漏失量随时间的动态变化进行相应研究。

计算结果如图 5-3-9 所示为钻遇多条裂缝时裂缝网络与井筒耦合渗流的压力分布，时间分别为 0.5 h、1 h、1.5 h 和 2 h。将钻遇多条裂缝时裂缝网络与井筒耦合渗流的压力云图与钻遇单条裂缝时进行对比，由于井筒接触裂缝条数的增加，井筒附近的裂缝网络中压力上升更加明显。随着时间的增加，流体不断进入裂缝内，钻遇多条裂缝，压力在整个裂缝网络中的传递速度变快，当时间为 2 h 时，由于这两条裂缝距离较近，两条裂缝之间的基质压力明显上升。

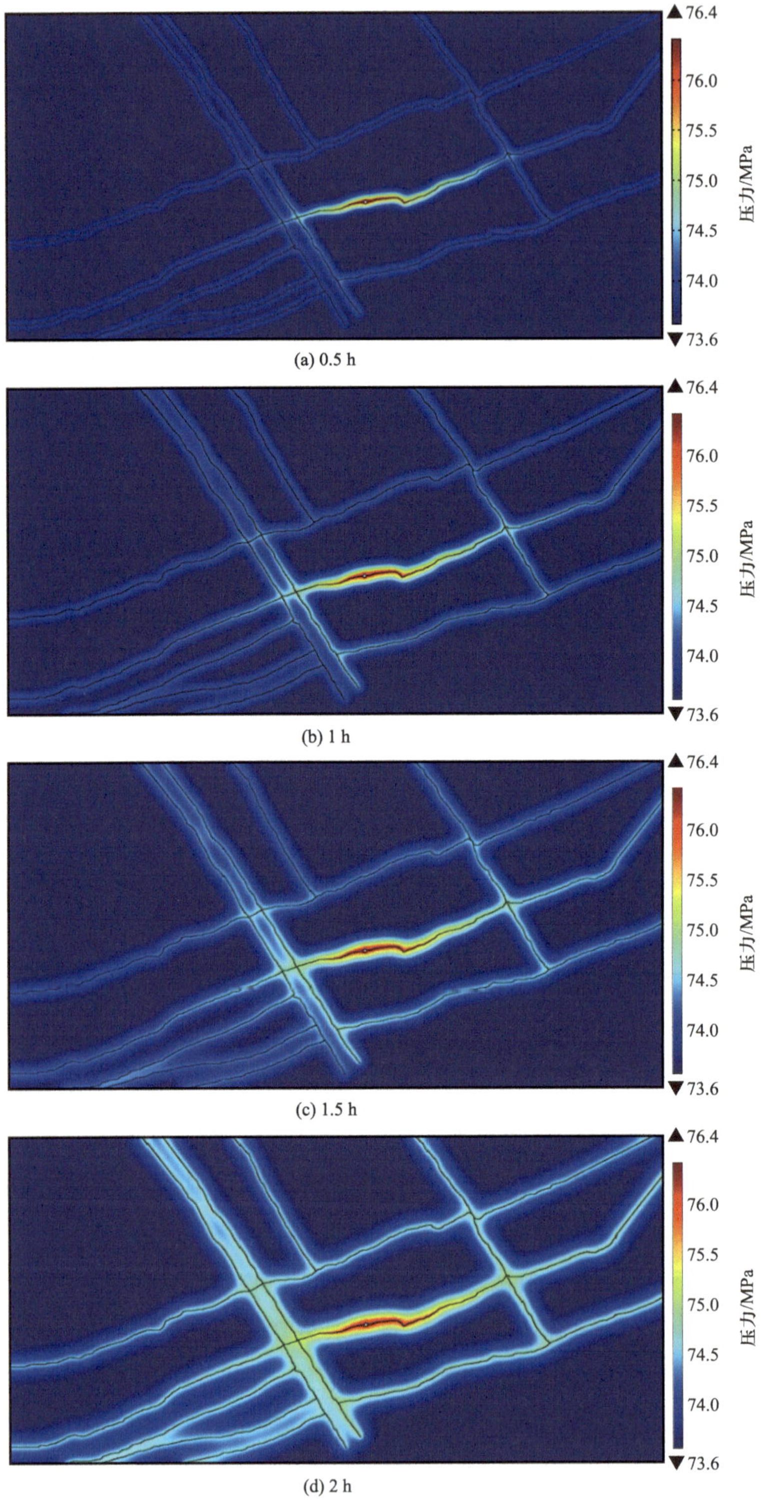

图 5-3-9 钻遇多条裂缝时裂缝网络与井筒耦合渗流的压力分布图

与钻遇单条裂缝的研究方法一样，在井筒附近的裂缝内部选取一个二维截点，坐标为（29.5，47.6），计算该截点在井筒与裂缝网络流固耦合渗流过程中位移的变化规律，计算结果如图 5-3-10 所示。

在井下钻井作业环境中，地层中的地应力较大，即使井底压力大于原始地层压力，当钻遇裂缝时，有流体进入裂缝内，会造成裂缝有一定程度地张开，但是张开量有限，整体裂缝位移变化小。裂缝的位移随时间增加呈现持续增大的现象，由于流体不断进入裂缝内部，裂缝内的压力持续上升，裂缝的位移也出现持续增大的现象。钻遇多条裂缝情况相比钻遇单条裂缝情况，裂缝内的压力趋于平衡的时间明显增加，所以钻遇多条裂缝时，会加剧钻井液的漏失。

对钻遇多条裂缝时裂缝内渗透率随时间的变化进行了计算，裂缝内渗流率的计算结果如图 5-3-11 所示。渗透率随时间增加有增大的趋势，开始时刻变化特别明显，后面增大趋势变缓，趋于平稳。对比钻遇多条裂缝与钻遇单条裂缝后井筒附近的渗透率变化，可以得到，二者的渗透率变化趋势和渗透率随时间变化的计算结果是类似的。这是由作用在裂缝上的有效应力导致的，而井底压力和原始地层压力随时间的变化不大，所以钻遇多条缝与钻遇单条缝相比，与井筒接触的裂缝内渗透率的变化趋势是相同的，但是钻遇多条裂缝时，由于与井筒接触的裂缝条数增多，会增加钻井液的漏失。

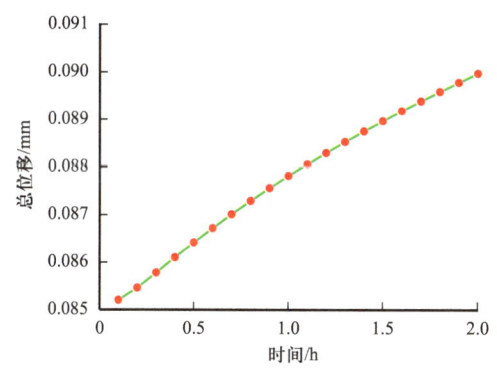

图 5-3-10 井筒附近裂缝内部某点总位移随时间的变化

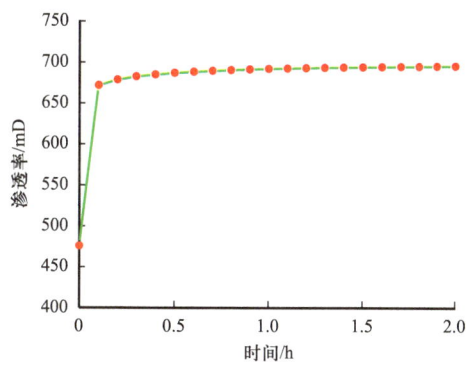

图 5-3-11 井筒附近裂缝内部某点渗透率随时间的变化

图 5-3-12 和图 5-3-13 分别反映了钻遇多条裂缝时的漏失速率变化规律和累计漏失量的变化规律。由图 5-3-12 可以看出压力在裂缝内传播的过程中，漏失速率变化较大。开始阶段，裂缝内的漏失速率较大，在压力传递结束后，裂缝内的压力重新分布，后期的裂缝漏失速率趋于平稳，漏失速率最后趋于 5.39 m^3/h。与钻遇单条裂缝相比，钻遇多条裂缝导致井筒内流体的漏失速率增大，在渗透率变化规律相同的情况下，井筒与裂缝接触的多少，将直接影响漏失速率的大小。

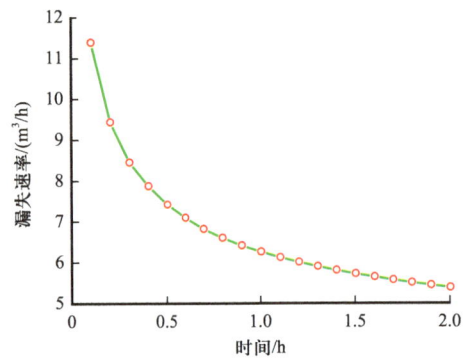 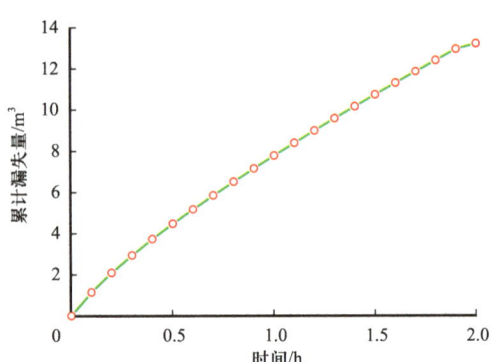

图 5-3-12 钻遇多条裂缝时的漏失速率　　图 5-3-13 钻遇多条裂缝时的累计漏失量

图 5-3-13 为钻遇多条裂缝时的累计漏失量，其数值随时间增加而增大，从计算结果可以得出，计算 2 h 后，井筒与裂缝网络耦合渗流导致流体的累计漏失量为 13.21 m³。

三、钻遇基质

考虑到在钻井作业过程中，钻遇岩石基块的情况，根据图 5-3-3 建立的裂缝网络与井筒耦合几何模型，利用有限元仿真计算，对模型进行瞬态求解，计算的时间步长为 2 h，分别对裂缝网络与井筒耦合渗流过程中的压力分布、位移场、裂缝开度、裂缝渗透率、漏失速率和累计漏失量随时间的动态变化进行了相应研究。

计算结果如图 5-3-14 所示为钻遇基质时裂缝网络与井筒耦合渗流的压力分布图，时间分别为 0.5 h、1 h、1.5 h 和 2 h。计算结果显示，钻遇基质时裂缝网络与井筒耦合渗流的压力云图变化不明显，只是在井筒附近会有一定的压力增加，随着时间增加而增大，井筒附近的基质压力上升波及范围也会有一定的增加，但是基质附近的裂缝压力变化不明显，几乎没有明显变化。由于碳酸盐岩基质渗透率低，即使井底压力比原始地层压力大，流体进入地层也十分困难。

对钻遇基质时裂缝内渗透率随时间的变化进行了计算，计算结果如图 5-3-15 所示。结果显示，渗透率随时间增加有增大的趋势，但是变化不明显，从图 5-3-14 中压力云图可以看出，只有井筒附近基质压力有上升，但是裂缝内的压力上升不明显，作用在裂缝上的有效应力变化较小，导致裂缝内的渗透率变化不明显。

图 5-3-6、图 5-3-11 和图 5-3-15 分别为钻遇单条裂缝、钻遇多条裂缝与钻遇基质情况下，井筒附近裂缝内部或者基质内部某点渗透率随时间变化的规律。对比三种情况可知，裂缝初始渗透率为 476.08 mD，钻遇单条裂缝和钻遇多条裂缝的渗透率最大变化值都为 235.57 mD，增幅为 49.49%，钻遇基质的渗透率最大变化值为 0.03 mD，变化后的渗透率与初始渗透率相比，其变化幅度不大。

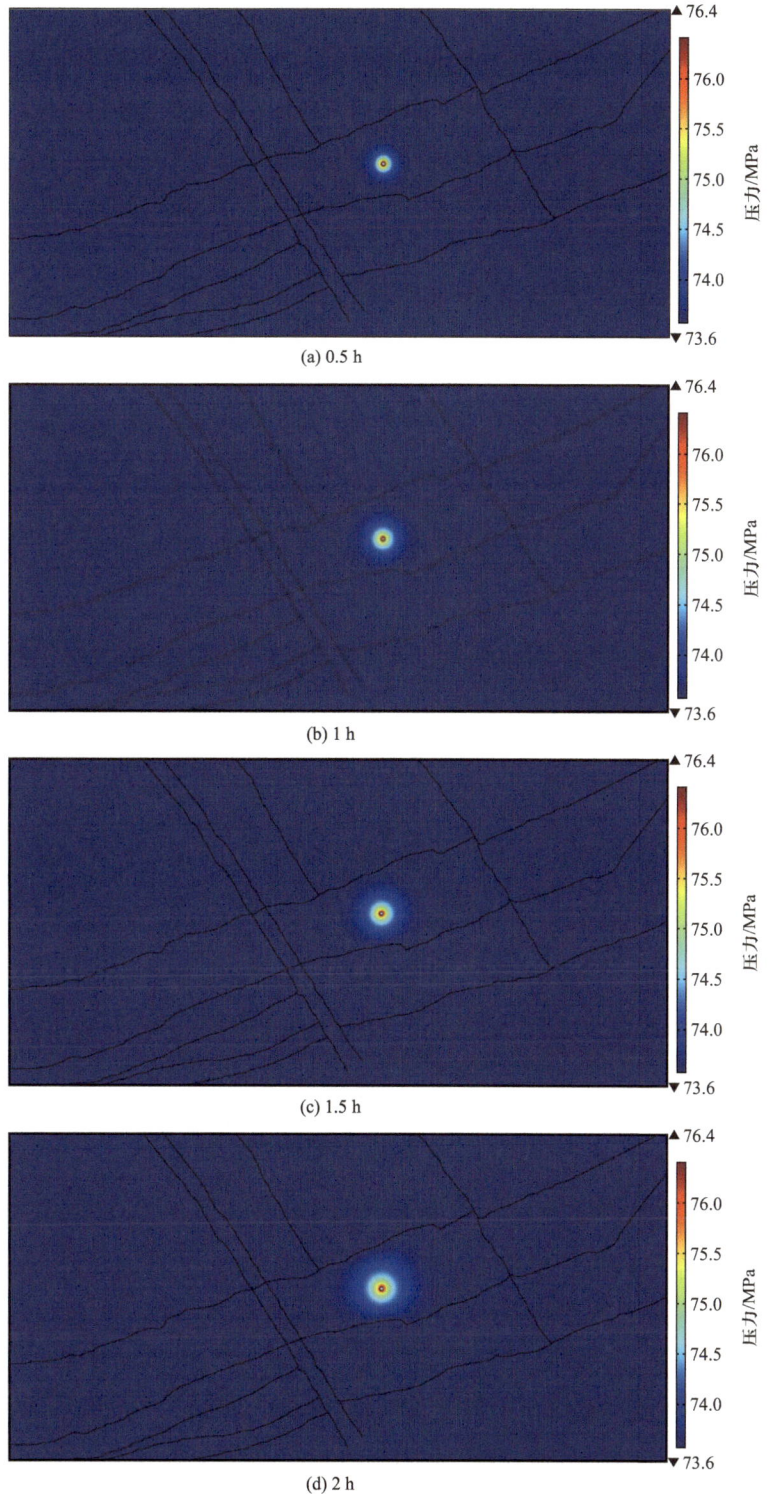

图 5-3-14 钻遇基质时裂缝网络与井筒耦合渗流的压力分布图

图 5-3-16 和图 5-3-17 分别反映了钻遇基质时的漏失速率变化规律和累计漏失量变化规律。由图 5-3-16 可以看出压力在裂缝内传播的过程中,漏失速率变化不大。开始阶段,基质内的漏失速率较大,在压力传递结束后,基质内的压力重新分布,后期的裂缝漏失速率趋于平稳,漏失速率最后趋于 0.56 m³/h,与钻遇单条裂缝和钻遇多条裂缝相比,井筒向基质漏失的量不大。

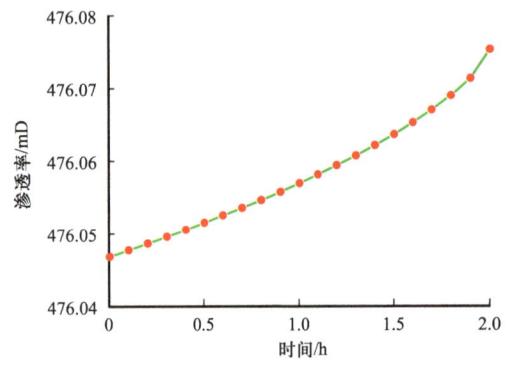

图 5-3-15　井筒附近基质内部某点渗透率随时间的变化　　　图 5-3-16　钻遇基质时的漏失速率

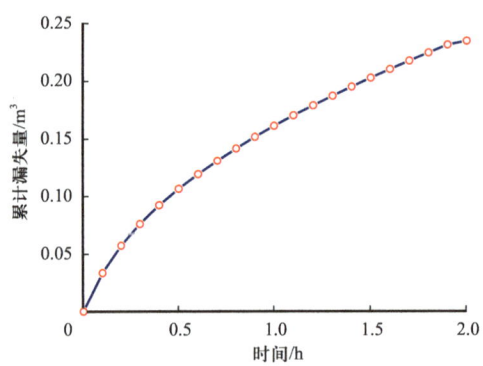

图 5-3-17　钻遇基质时的累计漏失量

图 5-3-17 为钻遇基质时的累计漏失量,其数值随时间增加而增大,从计算结果可以得出,计算 2 h 后,井筒与裂缝网络耦合渗流导致流体的累计漏失量为 0.23 m³。对比钻遇单条裂缝、钻遇多条裂缝与钻遇基质情况下三种情况在 2 h 内的累计漏失量可知,钻遇单条裂缝的裂缝网络累计漏失量为 6.45 m³,钻遇多条裂缝的裂缝网络累计漏失量为 13.21 m³,钻遇基质的裂缝网络累计漏失量为 0.223 m³,在钻遇裂缝网络中不同裂缝条数时,钻井液的累计漏失量与钻遇裂缝的条数成正比。

第六章　井周裂缝内的固液两相流动规律

在钻井、压裂等过程中，井周裂缝内存在固液两相流动，其中涉及漏失裂缝封堵、储层保护、支撑架铺置等工程环节。因此有必要对井周裂缝内的固液两相流动开展研究。

本章主要在第二章所重构的实际岩石裂缝不规则流动空间的基础上，针对深部地层裂缝中固液两相流动问题，开展裂缝流动可视化实验和数值仿真研究，探讨裂缝形貌、封堵材料特性、注入方式及裂缝开度变化的影响，进一步揭示井周裂缝内的固液两相流动机理。

第一节　裂缝固液两相流动可视化实验

第二章重建了实际岩石裂缝的不规则流动空间，本节在其基础上通过雕刻制造透明裂缝缝板，开展裂缝固液两相流动可视化实验研究。

一、实验装置及方法

1. 实验装置

在裂缝缝板材料的选取上，本书选用了被各个行业广泛运用的透明有机玻璃。为了减少雕刻工艺对裂缝进口与裂缝出口的误差，选择在透明有机玻璃凸台上进行裂缝上下表面的精细描述，碳酸盐岩裂缝缝板整体的设计结构如图 6-1-1 所示。总体分为三部分，包括裂缝上下表面精细描述的透明有机玻璃板和固定两侧凸台的金属框。整个裂缝缝板长为 230 mm，高为 160 mm。带有裂缝表面形貌的凸台长为 150 mm，高为 100 mm。由于裂缝表面为不完全耦合裂缝表面，固定两侧凸台的金属框厚度为 15 mm，并且边缘设置密封圈。整个裂缝缝板通过 14 个 M10

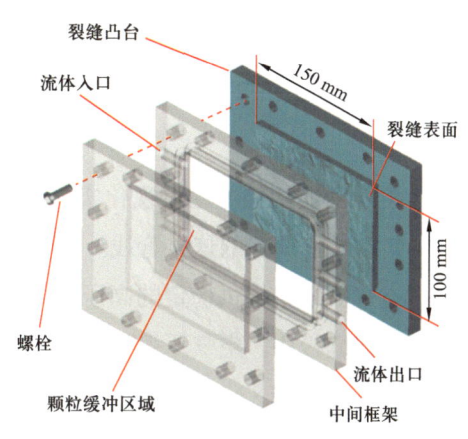

图 6-1-1　碳酸盐岩裂缝缝板结构

螺栓进行加固，入口处设置三个快速接头螺纹孔，出口处设置一个快速接头螺纹孔。

加工完成的碳酸盐岩裂缝缝板如图 6-1-2 所示。经扫描后，碳酸盐岩裂缝缝板的开度如图 6-1-3 所示，其平均开度为 0.83 mm，开度范围为 0.27~1.49 mm。

图 6-1-2　碳酸盐岩裂缝缝板

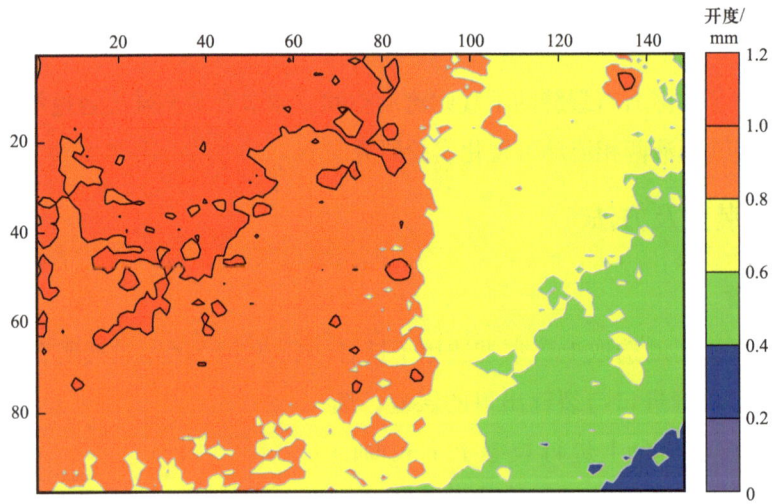

图 6-1-3　裂缝缝板实际开度

裂缝固液两相流动可视化实验装置包括空气压缩机、调压阀、裂缝缝板、回收容器、摄影机和带有阀门的连接管线。

空气压缩机提供稳定的高压气源，将中间容器中带有真实颗粒的实验流体驱替到碳酸盐岩裂缝缝板中。空气压缩机可以根据气缸中的压力进行自动增压，气缸中的气体压力始终维持在 0.5~0.8 MPa 之间。

调压阀的主要作用是调节裂缝缝板的进口压力，调压阀的压力控制范围为 0~0.4 MPa。

将调压阀的压力值设置完成后，中间容器中的压力为恒定值，且这个裂缝缝板两端的压差也通过调压阀设置。

中间容器的作用是盛放实验溶液，容积为 1 L。先加入驱替溶液再加入实验溶液，在压力作用下，中间容器中的实验溶液通过连接管道进入裂缝缝板内。要注意的是，将实验溶液倒入中间容器的过程中，溶液要沿着壁面向下流入，防止在倾倒过程中产生气泡，影响实验结果。

回收容器的主要作用是回收从裂缝缝板中流出的实验溶液，容器上有刻度，量程为 1 L。通过记录回收实验溶液体积和回收时间，计算平均实验溶液流出流量，模拟裂缝的渗透率变化，进而评价封堵效果。

整个实验过程会进行拍摄，对裂缝缝板和回收容器进行主要拍摄，对裂缝缝板的拍摄用于进行后期的实验分析，对其形成架桥和堆积的过程进行实时观测并细致分析。对回收容器的拍摄可以模拟裂缝的渗透率变化，对封堵效果进行评价。实验装置的连接均由连接管线连接，将每个独立的实验装置连接成一个完整的模拟体系。体系中的每个实验装置前后均设置阀门，既能控制实验过程中裂缝两端的压差变化又可以保障实验安全有效地进行。

碳酸盐岩裂缝不同材料固相颗粒封堵可视化实验的实验原理图如图 6-1-4 所示。

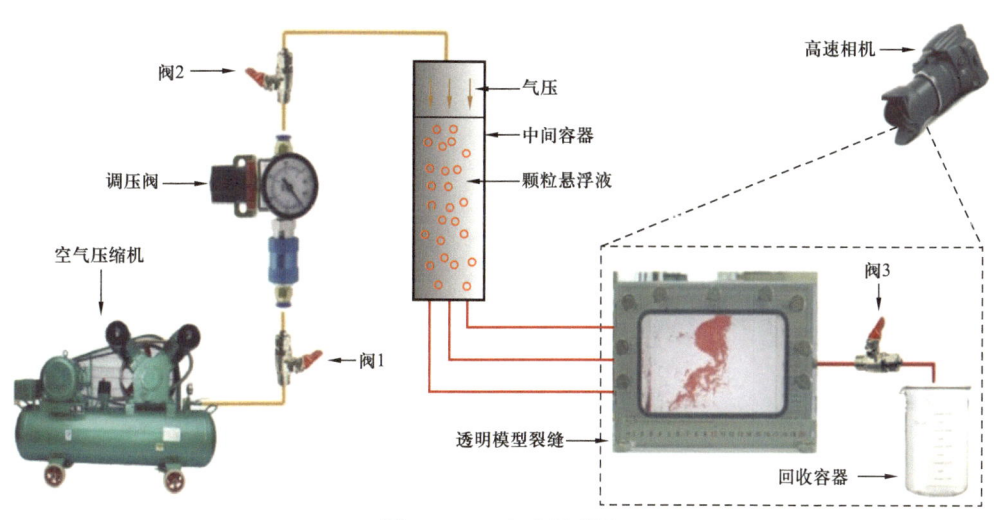

图 6-1-4　实验原理图

2. 实验材料

在进行实际钻井作业时，实际的钻井工作液成分复杂，主要包含堵漏材料、加重颗粒、黏土、岩屑等。本节的研究重点为封堵颗粒在封堵过程中的封堵机理和架桥堆积规律，所以重点分析不同材料的真实堵漏颗粒对裂缝封堵的影响规律。通过开展碳酸盐岩裂缝固液两相流动可视化实验，研究在相同体积浓度和漏失压差下，不同材料的封堵颗粒对裂缝封堵的影响，分析不同材料在碳酸盐岩裂缝内的封堵机理。

碳酸盐岩裂缝固液两相流动可视化实验所用的实验流体要保证清澈透明，不影响实时观测实验现象。羧甲基纤维素钠（CMC）溶液呈无色透明状，且可以通过调节其表观黏度来调整悬浮能力。质量分数为1.5%的CMC溶液的悬浮能力满足实验条件，所以本书最终选用质量分数为1.5%的CMC溶液作为实验溶液的基液。配制的CMC溶液表观黏度为65～70 mPa·s，可以使封堵颗粒良好地悬浮在实验流体中。要注意的是，为了将搅拌时产生的气泡排除干净，在实验流体配制完成后需要静置24 h以上，静置完成的实验流体可以作为实验前的驱替流体，将实验装置内的空气排出。

在裂缝封堵材料的选择上，常规的封堵实验选用刚性材料、弹性材料、柔性材料进行复合配方。本书选用碳酸钙颗粒作为刚性球形颗粒、石墨颗粒作为弹性片状颗粒、复合纤维作为柔性条形颗粒作为封堵颗粒进行可视化实验，颗粒实物如图6-1-5所示。碳酸钙的成本低且易酸化解除，因此作为刚性颗粒广泛应用在钻井现场。碳酸钙是一种将方解石、大理石等进行研磨粉碎得到的天然材料，呈白色颗粒状，所以在进行单一碳酸钙颗粒裂缝固液两相流动可视化实验中，为了能够清楚地观察到颗粒的架桥和堆积过程，选择用蓝色墨水将实验流体染色，与颗粒进行对比区分。

(a) 碳酸钙颗粒

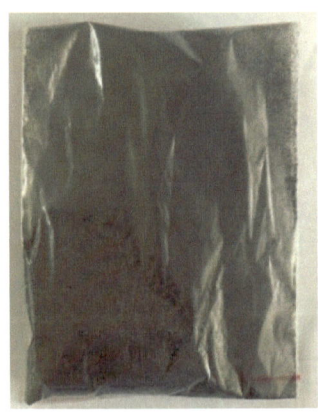
(b) 石墨颗粒

(c) 复合纤维

图6-1-5　实验选用的三种封堵材料

3. 实验方案

实验的变量为封堵颗粒的种类和不同封堵颗粒在总封堵颗粒中的占比。需要说明的是，本章的实验并未开展完全实验，是在每次实验结束后根据已有实验数据和实验现象确定下一次实验的变量。这样能够使实验的变量更具针对性，减少实验总量。最终共进行了八组实验，实验方案见表6-1-1。其中单一材料部分，石墨颗粒造成了严重的封口现象，石墨颗粒未能进入到裂缝缝板内，故将单一石墨颗粒的实验排除。

表 6-1-1　不同材料封堵颗粒封堵碳酸盐岩裂缝可视化实验

材料种类	实验编号	实验材料	相对体积分数 /%
单一材料	C-1	碳酸钙	3%
	C-2	复合纤维	3%
两种材料	C-3	碳酸钙 + 复合纤维	1.5%+1.5%
	C-4	石墨 + 复合纤维	1.5%+1.5%
	C-5	碳酸钙 + 复合纤维	2%+1%
	C-6	碳酸钙 + 石墨	2%+1%
三种材料	C-7	碳酸钙 + 复合纤维 + 石墨	2%+0.5%+0.5%
	C-8	碳酸钙 + 复合纤维 + 石墨	1%+1%+1%

4. 实验步骤

实验步骤如下：

（1）配置 500 mL 含封堵颗粒的 CMC 溶液，连接实验装置，关闭阀门，开启空气压缩机；

（2）向中间容器中加入纯净的 CMC 溶液，打开空气压缩机，调节出口压力，打开阀门，让 CMC 溶液将整个装置中的空气驱替出去；

（3）关闭出口阀门，关闭调压阀阀门，将中间容器中的压力泄去，换入步骤（1）中配置好的 CMC 溶液并搅拌；

（4）打开摄影机，打开所有阀门，实验开始；

（5）当出现裂缝被封堵、裂缝的封堵面积不变或者裂缝封口处被封堵的现象时，关闭相关阀门，停止实验，关闭摄影机；

（6）对整个实验装置泄压，将整个实验装置拆卸后清洗吹干，组装后等待下次实验；

（7）对实验录像进行整理，观察实验现象，根据实验现象调整下一次的实验变量和实验参数。

重复以上步骤，直至所有实验全部结束。需要注意的是，在组装裂缝缝板时，保证每个螺栓的扭矩相同，防止因扭矩不同而出现缝板宽度不同或者翘边的现象。

二、固相颗粒类型组合的影响

在漏失压差为 0.2 MPa 的条件下，封堵颗粒的体积分数为 3%，采用不同材料的封堵颗粒开展真实碳酸盐岩裂缝封堵实验，分析不同材料的封堵颗粒对裂缝封堵的影响。

1. 单一材料封堵颗粒混合

实验 C-1 选用碳酸钙颗粒作为封堵颗粒，碳酸钙颗粒的尺寸为 30~45 目，在其他条件保持不变的情况下，实验结果如图 6-1-6 所示。由图可知，碳酸钙颗粒在裂缝内形成了稳定且致密的封堵带，封堵带位于裂缝缝板的中后部分，封堵宽度较大，致密性良好，形成完整的封堵带后流出的实验溶液减少，并且几乎不携带碳酸钙颗粒。

将实验结果与裂缝缝板的开度图进行比较可知，封堵带形成的位置与裂缝开度有直接关系，在开度为 0.6 mm 处开始形成架桥，说明封堵带是以单粒架桥的形式形成稳定的封堵带。在架桥逐渐形成稳定封堵带后，随着实验的进行，后续的碳酸钙颗粒逐渐堆积，使封堵带更加致密。在封堵带稳定之前，尺寸小于 0.6 mm 的碳酸钙颗粒会进一步进入到裂缝深处，形成堆积体，位于裂缝出口处的堆积体稳定性差，当漏失压差增大，流体流速变大后，部分碳酸钙颗粒会进一步向裂缝深处移动。

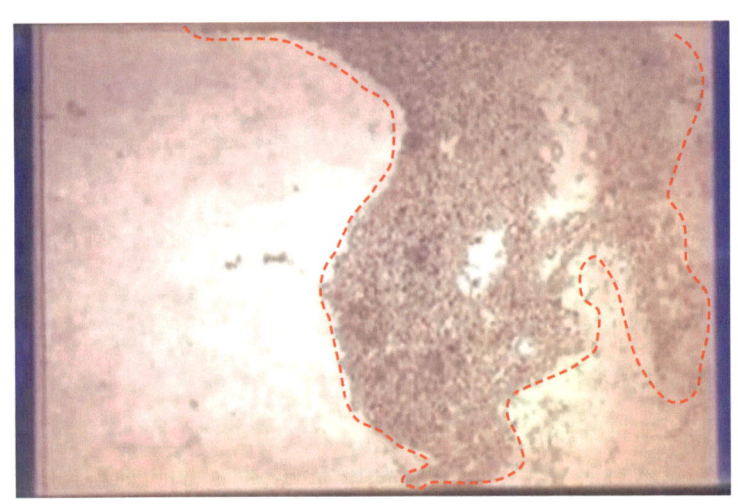

图 6-1-6　碳酸钙颗粒（3%）实验结果图

实验 C-2 选用复合纤维作为封堵颗粒，复合纤维的尺寸和形状不规则，在其他条件保持不变的情况下，实验结果如图 6-1-7 所示。复合纤维在裂缝内没有形成稳定且致密的封堵带。由于裂缝缝板内部开度分布不均匀，颗粒在裂缝内部形成的堵塞极其不均匀。

由于实验颗粒的形状不规则，大量实验颗粒在裂缝入口处形成堆积，造成严重的封口现象。出现封口现象后，实验快速达到稳定阶段，在 0.2 MPa 的漏失压差下，实验溶液不会再进入到裂缝缝板内，实验流体仍能在漏失压差的作用下进入裂缝缝板内，但是回收容器中不再有封堵颗粒进入。在实际的钻井过程中，堆积在裂缝入口处的封堵材料会随着井筒内循环的钻井液不断地冲刷，并携带回到井口。

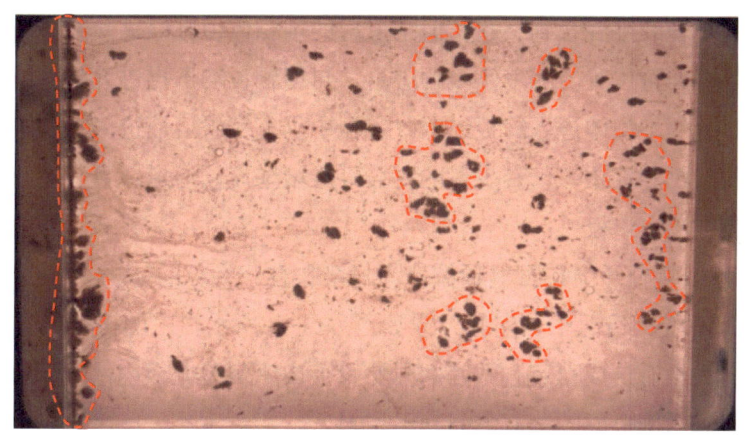

图 6-1-7 复合纤维（3%）实验结果图

将两组实验进行对比，不难发现，在相同的颗粒体积分数和漏失压差条件下，单一的碳酸钙颗粒要比复合纤维更容易形成内部堵塞，单一的复合纤维材料会形成严重的封口现象，导致无法形成稳定致密的封堵带。因此，在实际进行堵漏工作时，单一的刚性材料颗粒可以进行有效封堵，单一的柔性材料和弹性材料均不能实现有效封堵。

2. 两种材料封堵颗粒混合

实验 C-3 选用碳酸钙颗粒和复合纤维作为封堵颗粒，颗粒的体积分数各为 1.5%，在其他条件保持不变的情况下，实验结果如图 6-1-8 所示。碳酸钙颗粒和复合纤维在裂缝内没有形成稳定且致密的封堵带。由于裂缝缝板内部开度分布不均匀，两种封堵颗粒在裂缝内部形成的堵塞也极其不均匀。

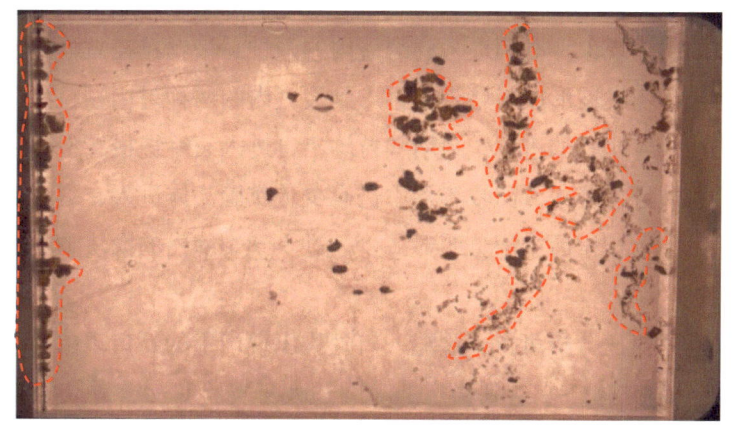

图 6-1-8 碳酸钙颗粒（1.5%）+ 复合纤维（1.5%）实验结果图

在整个实验过程中，仅有少量的复合纤维进入到裂缝缝板内部，复合纤维在裂缝入口处造成严重的封口现象。顺利进入到裂缝内的碳酸钙颗粒在裂缝内形成分散的堆积体，与进入到裂缝内的复合纤维混合到一起，但是形成的堆积体由碳酸钙颗粒进行架桥，仅有少量的复合纤维处在架桥位置。随着实验的进行，封堵颗粒均不再进入裂缝缝板，但是实验流体会通过封口处的堆积体进入缝板，回收容器中仍有实验溶液进入，裂缝前半部分不存在碳酸钙颗粒的架桥和堆积，仅有少量的复合纤维堵塞流动通道，且实验流体会携带后半部分的碳酸钙颗粒流出缝板。

实验 C-4 选用复合纤维和石墨颗粒作为封堵颗粒，颗粒的体积分数各为 1.5%，在其他实验参数保持不变的情况下，实验结果如图 6-1-9 所示。由图可知，复合纤维颗粒和石墨颗粒在裂缝内没有形成稳定且致密的封堵带。由于裂缝缝板内部开度分布不均匀，两种封堵颗粒在裂缝内部形成的堵塞也极其不均匀。

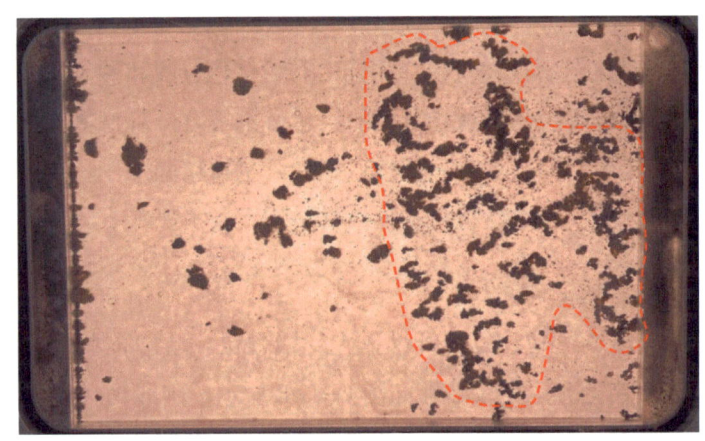

图 6-1-9　石墨颗粒（1.5%）+ 复合纤维（1.5%）实验结果图

在整个实验过程中，复合纤维和石墨颗粒均进入到裂缝缝板内部，两种颗粒在裂缝入口处造成严重的封口现象。顺利进入到裂缝内的两种封堵颗粒在裂缝内形成分散的堆积体，堆积体没有进一步发展形成封堵带，进入到裂缝内的两种封堵颗粒混合到一起，没有明显的架桥粒子。随着实验的进行，封堵颗粒均不再进入裂缝缝板，但是少量实验流体会通过封口处的堆积体进入缝板，回收容器中仍有少量实验流体进入，裂缝前半部分流动通道内同时存在堵塞，但相比后半部分明显减少，进入到裂缝内的大块颗粒不会随着后续的实验流体流出缝板。

将两组实验结果对比分析可得，裂缝入口处均出现严重的封口现象，但是两组实验到达稳定的时间不同，实验 C-3 达到稳定的时间远大于实验 C-4，并且实验达到稳定后实验 C-3 中的实验流体流量要大于实验 C-4。这说明柔性材料要比弹性材料更易形成封口现象，但是弹性材料在形成封口现象后，裂缝入口的堆积体致密性更好。

实验 C-5 选用碳酸钙颗粒和复合纤维作为封堵颗粒，其中碳酸钙颗粒的体积分数为 2%，复合纤维的体积分数为 1%，其他实验参数保持不变，实验结果如图 6-1-10 所示。

由图可知，碳酸钙颗粒和复合纤维在裂缝内形成了稳定且致密的封堵带，封堵带位于裂缝缝板的中后部分，封堵宽度不大，并且致密性不好，形成完整的封堵带后裂缝入口彻底封口，封堵颗粒不再进入裂缝内，但是实验流体仍然流出裂缝缝板。

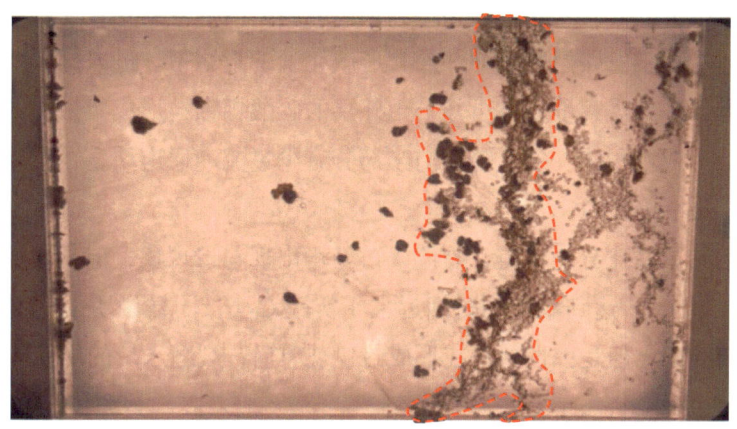

图 6-1-10　碳酸钙颗粒（2%）+复合纤维（1%）实验结果图

在整个实验过程中，进入到裂缝缝板内部的复合纤维较少，顺利进入到裂缝内的碳酸钙颗粒在裂缝内形成稳定的封堵带。将实验结果图与裂缝开度图进行对比分析可得，裂缝缝板内的封堵带下半部分与裂缝开度相吻合，说明这部分封堵带先由最外层的碳酸钙颗粒进行单粒架桥，上半部分的封堵带先由碳酸钙颗粒进行双粒架桥。两种材料继续进入裂缝缝板，逐渐形成稳定的封堵带，而进入到裂缝内的复合纤维则混合到碳酸钙颗粒中，使封堵带更加致密。裂缝缝板前半部分仅有少量的复合纤维堵塞流动通道，实验流体仍会携带后半部分的碳酸钙颗粒流出缝板。

实验 C-6 选用碳酸钙颗粒和石墨颗粒作为封堵颗粒，其中碳酸钙颗粒的体积分数为 2%，石墨颗粒的体积分数为 1%，其他条件保持不变，实验结果如图 6-1-11 所示。由图

图 6-1-11　碳酸钙颗粒（2%）+石墨颗粒（1%）实验结果图

可知，碳酸钙颗粒和石墨颗粒在裂缝内没有形成稳定且致密的封堵带。由于裂缝缝板内部开度分布不均匀，两种封堵颗粒在裂缝内部形成的堵塞也极其不均匀。

在整个实验过程中，碳酸钙颗粒和石墨颗粒均进入到裂缝缝板内部，但是石墨颗粒在裂缝入口处造成严重的封口现象。顺利进入到裂缝内的两种封堵颗粒在裂缝内形成分散的堆积体，堆积体进一步发展但是最终并没有形成完整的封堵带。进入到裂缝内的两种封堵颗粒混合到一起，仔细观察堆积体可知，由外层的碳酸钙颗粒形成架桥后，石墨颗粒和碳酸钙颗粒才继续形成堆积体。裂缝缝板前半部分有少量流动通道堵塞，实验稳定后，实验流体不会再进入裂缝缝板内。

将两组实验结果对比分析可得，裂缝入口处均出现封口现象，但是两组实验到达稳定的时间不同，实验 C-5 达到稳定的时间远大于实验 C-6，同样说明柔性材料要比弹性材料更易形成封口现象，但是弹性材料在形成封口现象后，裂缝入口的堆积体致密性更好。

3. 三种材料封堵颗粒混合

实验 C-8 选用碳酸钙颗粒、石墨颗粒和复合纤维三种材料的颗粒作为封堵颗粒，其中碳酸钙颗粒、石墨颗粒和复合纤维的体积分数均为 1%，其他实验条件保持不变，实验结果如图 6-1-12 所示。由图可知，碳酸钙颗粒、石墨颗粒和复合纤维在裂缝内形成了稳定且致密的封堵带，封堵带位于裂缝缝板的中后部分，封堵宽度不大，但是致密性良好，形成完整的封堵带后裂缝入口彻底封口，封堵颗粒不再进入裂缝内，并且实验流体不再流入裂缝缝板。

图 6-1-12　碳酸钙颗粒（1%）+ 石墨颗粒（1%）+ 复合纤维（1%）实验结果图

在整个实验过程中，进入到裂缝缝板内部的复合纤维较少，石墨颗粒和碳酸钙颗粒大量进入裂缝内部，进入到裂缝内的碳酸钙颗粒和石墨颗粒在裂缝内形成稳定的封堵带。将实验结果图与裂缝开度图进行对比分析可得，裂缝缝板内的封堵带，下半部分与裂缝开度相吻合，说明这部分封堵带由最外层的碳酸钙颗粒进行单粒架桥，上半部分的封堵带由最外层碳酸钙颗粒进行双粒架桥。三种材料继续进入裂缝缝板，进入到裂缝内的石墨颗粒混合在碳酸钙颗粒中，逐渐形成稳定的封堵带，使封堵带更加致密。

对比以上所有碳酸盐岩裂缝固液两相流动可视化实验可以得到，三种材料混合要比两种材料混合或者单一材料更容易在裂缝内形成封堵，并且在裂缝内形成稳定封堵带的时间快，封堵带的致密程度高，封堵在裂缝内的位置位于缝板的中后部。

三、固相颗粒相对体积分数的影响

1. 两种封堵颗粒混合

在漏失压差为 0.2 MPa 的条件下，封堵颗粒的体积分数为 3%，采用相对体积分数不同的碳酸钙颗粒和复合纤维，开展真实碳酸盐岩裂缝封堵实验，分析封堵颗粒在不同相对体积分数的条件下对裂缝封堵的影响。

对比两组实验结果图（图 6-1-8 和图 6-1-10）可知，当碳酸钙颗粒体积分数为 1.5% 时，缝板内未形成有效的封堵带，当碳酸钙颗粒体积分数提升至 2% 后，裂缝缝板内出现了稳定的封堵带。对比裂缝开度图进行分析可得，裂缝缝板内的封堵带下半部分由最外层的碳酸钙颗粒进行单粒架桥，上半部分则由碳酸钙颗粒进行双粒架桥。由此可以说明，碳酸钙颗粒的相对体积分数越大，裂缝缝板内越容易发生颗粒架桥，也就越容易在裂缝缝板内形成封堵。

对比两组实验的封堵结果和实验所用时间可得，当复合纤维相对体积分数为 1.5% 时，裂缝缝板内并没有形成完整的封堵带，裂缝入口处迅速形成封口，实验达到稳定所用时间短；当复合纤维相对体积分数减小为 1% 时，裂缝缝板内形成了稳定的封堵带，虽然裂缝入口处仍出现封口现象，但是实验达到稳定的时间明显变长。由此可以说明，复合纤维的相对体积分数越小，裂缝缝板越不容易形成封口，封堵颗粒进入裂缝内的数量越多，越容易在裂缝内形成稳定的架桥。

2. 三种封堵颗粒混合

在漏失压差为 0.2 MPa 的条件下，封堵颗粒的体积分数为 3%，采用相对体积分数不同的碳酸钙颗粒、石墨颗粒和复合纤维，开展真实碳酸盐岩裂缝封堵实验，分析三种封堵颗粒在不同相对体积浓度的条件下对裂缝封堵的影响。

对比两组实验结果图（图 6-1-12 和图 6-1-13）可知，当碳酸钙颗粒体积分数为 1% 时，缝板内形成有效的封堵带，封堵带位于裂缝缝板的中后部分，封堵宽度不大，但是致密性很好，形成完整的封堵带后裂缝入口逐渐封口，封堵颗粒不再进入裂缝内，并且实验流体不再流入裂缝缝板；当碳酸钙颗粒体积分数提升至 2% 后，裂缝缝板内形成稳定且致密的封堵带。封堵带位于裂缝缝板的中后部分，封堵宽度大且致密性好，实验达到稳定状态后，实验溶液不再流入裂缝缝板，回收容器内也达到稳定。

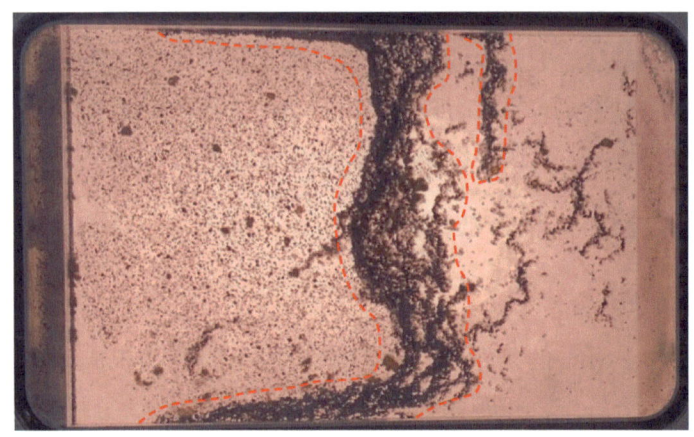

图6-1-13　碳酸钙颗粒（2%）+石墨颗粒（0.5%）+复合纤维（0.5%）实验结果图

对比裂缝开度进行分析可得，裂缝缝板内的封堵带最外层的架桥包含碳酸钙颗粒的单粒架桥和双粒架桥，复合纤维和石墨颗粒的相对体积分数小，封口现象得到缓解，实验时间延长，封堵带宽度明显加大，并且封堵带的致密性更好。三种封堵材料的对比实验仍然可以说明，碳酸钙颗粒的相对体积分数越大，裂缝缝板内越容易发生颗粒架桥，也就越容易在裂缝缝板内形成封堵。

对比两组实验的封堵结果和实验所用时间可得，当复合纤维和石墨颗粒的相对体积分数为1%时，裂缝缝板内虽然形成完整的封堵带，但是裂缝入口处迅速形成封口，封堵带的宽度小，实验时间短；当复合纤维和石墨颗粒相对体积分数减小为0.5%时，裂缝内快速形成了稳定的架桥，裂缝入口封口现象不明显，实验时间明显变长，封堵带致密性更好。与两种封堵颗粒混合的实验对比结论相同，复合纤维和石墨颗粒的相对体积分数越小，裂缝缝板越不易形成封口，颗粒进入裂缝内的数量越多，越容易在裂缝内形成稳定的架桥。

综上所述，在进行封堵作业时，钻井液中刚性材料的相对体积分数越大，在同一缝宽处越容易形成颗粒的架桥，裂缝入口处越不容易形成封口现象，越容易在裂缝内部形成堵塞。反之柔性材料和弹性材料的相对体积分数越小，进入到裂缝内的封堵颗粒数量越多，形成的封堵带越致密。

四、封口现象

在实验过程中，裂缝入口处极易产生封口现象。当发生封口时，实验溶液不能进入裂缝缝板内，封堵颗粒在入口处形成堆积。由于在实际生产中，封口处形成的堆积体在钻井液的循环冲刷下，堆积体会跟随钻井液返回井口，造成井下的反复漏失。

1. 封堵材料的影响

在漏失压差为 0.2 MPa 的条件下，封堵颗粒的体积分数为 3%，采用不同材料的封堵颗粒开展真实碳酸盐岩裂缝封堵实验，选用实验 C-1 和实验 C-2 两组实验，实验结果如图 6-1-6 和图 6-1-7 所示，分析碳酸钙颗粒、石墨颗粒和复合纤维材料对封口现象的影响。

碳酸钙颗粒在实验过程中，没有出现封口现象，所有颗粒在漏失压差的作用下均进入到裂缝内，形成了稳定的封堵带。而复合纤维则发生了严重的封口现象，仅有少量的复合纤维进入到裂缝内形成堵塞。石墨颗粒的封口现象更为严重，在漏失压差的作用下，几乎没有石墨颗粒进入到裂缝内，在裂缝内形成堵塞的原因是实验溶液不再流动，滞留在裂缝内。

造成严重封口的原因有以下三个方面。

第一方面是颗粒形状。碳酸钙颗粒整体近似球形，而复合纤维和石墨颗粒的形状不规则，条状和片状均存在。碳酸钙颗粒在裂缝入口处，以任意方向都可以顺利进入裂缝内，但是片状和条状的复合纤维、石墨颗粒则会出现像纸覆盖在裂缝入口处的现象，一旦发生这样的现象，复合纤维和石墨颗粒的抗压能力大大提升，在 0.2 MPa 漏失压差的作用下，无法将附着在裂缝入口处的片状、条状颗粒挤压进裂缝内，所以发生严重的封口现象。

第二方面是颗粒的性质。碳酸钙颗粒形状近似球形，与裂缝面的接触是点接触，而复合纤维和石墨颗粒与裂缝面的接触均是面接触，在相同的漏失压差和流体拖曳力作用下，复合纤维和石墨颗粒要克服更大的摩擦力才可以进入到裂缝内，所以复合纤维和石墨颗粒极易发生封口现象。

第三方面是颗粒的状态。碳酸钙颗粒为刚性球形颗粒，复合纤维为柔性条状颗粒，石墨颗粒为弹性片状颗粒，当碳酸钙颗粒在裂缝入口处时，漏失压差作用在碳酸钙颗粒上的力和流体曳力远大于与裂缝缝板之间的摩擦力，且流体不能在碳酸钙颗粒内部穿过。当复合纤维在裂缝入口处时，在漏失压差的作用下，实验流体颗粒穿过复合纤维的内部直接流入到裂缝缝板内，漏失压差对复合纤维的作用力和流体曳力小，所以极易造成封口现象，但是实验流体会继续进入裂缝内。当石墨颗粒堆积在裂缝入口时，由于石墨颗粒成片状且具有一定的弹性，漏失压差对石墨颗粒的冲击力完全被石墨颗粒阻挡，实验流体也不能从石墨颗粒形成的堆积中穿透，所以石墨颗粒在形成封口后，实验立即达到稳定状态。

综上所述，在进行封堵作业时，柔性材料和弹性材料更容易形成封口现象，刚性材料更容易进入裂缝内形成架桥，但是柔性材料和弹性材料的致密性要比刚性材料好，并且弹性材料的抗压能力更强。

2. 相对体积分数的影响

在漏失压差为 0.2 MPa 的条件下，封堵颗粒的体积分数为 3%，采用相对体积分数不同的碳酸钙颗粒、石墨颗粒和复合纤维，开展真实碳酸盐岩裂缝封堵实验，分析体积分数分别为 0.5%、1%、1.5%、3% 的柔性颗粒对封口现象的影响（图 6-1-7、图 6-1-8、图 6-1-12 和图 6-1-13）。

对比实验 C-2 和实验 C-3：缝板左侧入口处均存在严重封口现象，缝板内部未能形成有效的封堵，相对体积分数为 1.5% 的复合纤维封堵颗粒可以在裂缝内形成少量堆积体。由此可以得出复合纤维的相对体积分数越大，封口现象越严重。对比实验 C-7 和实验 C-8，两组实验均形成稳定且致密的封堵带，实验 C-7 没有形成封口现象，实验 C-8 也是在形成完整封堵带后才发生封口现象。随着相对体积分数的减小，缝板内部的封堵带宽度变大，更容易在裂缝内部形成封堵。因此，在裂缝内形成稳定且致密的封堵带时，复合纤维体积分数越小，封口现象越缓和，更易形成封堵，达到封堵目的。

综合以上结果得出，刚性颗粒不易形成封口现象，柔性颗粒和弹性颗粒容易导致封口现象，并且柔性颗粒相对体积分数越大，封口现象越严重，裂缝缝板内也不易形成堵塞。因此合理控制柔性颗粒和弹性颗粒的相对体积分数，对封堵工艺有重要意义。

五、裂缝固液两相流动机理

以实验 C-7：碳酸钙（2%）+ 复合纤维（0.5%）+ 石墨（0.5%）为例，观察三种封堵材料在裂缝缝板中的运移、架桥、堆积过程，总结归纳裂缝封堵机理。截取不同时间的裂缝封堵图，计算各时间段的平均流量见表 6-1-2。

表 6-1-2　各时间段平均流量

时间 /s	0～10	10～20	20～30	30～40	40～50	50～200
流量 /（mL/s）	5.0	4.0	2.5	0.8	0.5	0

如图 6-1-14 所示，0～10 s 裂缝缝板内没有形成颗粒架桥，封堵颗粒全部流到回收容器中，10 s 后裂缝内逐渐形成架桥，并逐渐发育成堆积体，流量小幅度减少，堆积体逐渐发育，到 40 s 时，已经形成封堵带，流量大幅减少，封堵颗粒堆积到封堵带上，封堵带变得更加致密，流量继续下降，50 s 后形成完整且致密的封堵带，实验达到稳定状态，实验流体停止流动，封堵完成。

将图 6-1-14（f）中封堵带进行局部放大，如图 6-1-15 所示。封堵带最外层均由碳酸钙颗粒形成架桥，然后是石墨颗粒和复合纤维混合着碳酸钙颗粒堆积在架桥上形成堆积体，逐渐发育成完整的封堵带。说明柔性颗粒和弹性颗粒在裂缝内无法形成有效的架桥，部分架桥的承压能力差，容易被实验溶液破坏。

第六章 井周裂缝内的固液两相流动规律

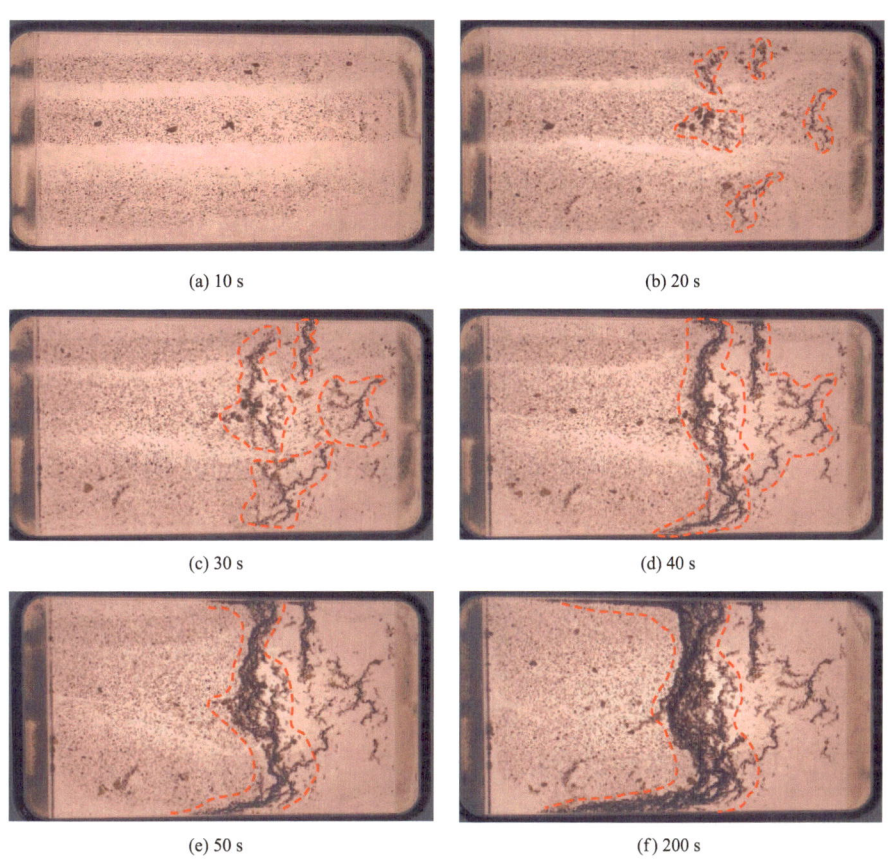

图 6-1-14 各时刻实验结果图

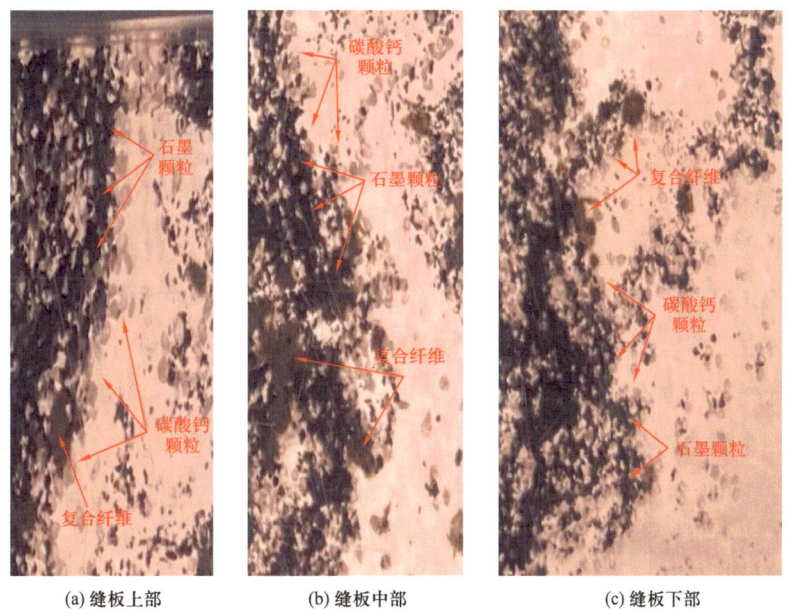

图 6-1-15 封堵带局部放大图

将封堵带与裂缝开度图进行对比可知，封堵带下部碳酸钙颗粒多为单粒架桥，封堵带上部的裂缝宽度要大于颗粒的尺寸，说明上部碳酸钙颗粒多为多粒架桥。同时，由图中上部的碳酸钙颗粒也可知，上部为多粒架桥。

综上所述，封堵带最先由碳酸钙颗粒在缝板内完成颗粒架桥，然后再由石墨颗粒和复合纤维充填发育，最终形成完整且致密的封堵带。碳酸盐岩裂缝封堵机理可总结为，由刚性颗粒作为架桥粒子，柔性颗粒和弹性颗粒作为填充粒子，三者共同作用完成封堵。渗流通道由裂缝通道转为孔隙通道，再转为无渗流通道，最终形成稳定而致密的封堵带。

第二节　裂缝固液两相流动 CFD-DEM 仿真

颗粒随实验流体进入裂缝内架桥和堆积的过程，属于多相流学科研究领域。近年来，CFD-DEM 仿真方法在多相流研究领域常被用来研究颗粒与颗粒、颗粒与壁面、颗粒与流体之间的相互作用，CFD-DEM 仿真方法可以细致地模拟出固相颗粒在裂缝中的运移和架桥过程。

一、CFD-DEM 基本理论介绍

在 CFD-DEM 仿真方法中，将固相颗粒在可变形裂缝中的运移、堆积和封堵过程分为流体运动和颗粒运动两部分。其中流体部分运动仍然采用经典的计算流体动力学（CFD）算法进行数值模拟，颗粒部分运动采用离散元耦合（DEM）算法进行数值模拟。对于流体和颗粒之间的相互作用，CFD-DEM 仿真方法中有 Resolved 和 Unresolved 两种耦合方法。

本节着重介绍 CFD-DEM 仿真方法中的 DEM 的基本理论和 CFD-DEM 仿真方法的耦合计算过程。

1. DEM 的基本理论

DEM 最先由 Cundall 与 Strack 提出，在 DEM 中进行求解时每个颗粒都能够被跟踪和计算，该方法中软球模型和硬球模型都忽略每个颗粒的形状变化和内力。硬球模型假设为在某一瞬时时刻有且仅有一对颗粒进行碰撞，根据动量守恒定律得到颗粒运动的速度和方向，确定下一个颗粒碰撞的位置和时间，循环进行该过程计算，建立颗粒之间的碰撞过程，该方法在颗粒较为稀少且运动速度较大的问题上计算效率更高。软球模型假设颗粒外形不发生变化，但是在颗粒与颗粒或者壁面接触时允许颗粒间相互重叠，根据颗粒间的重叠大小计算颗粒间的作用力。计算过程将整个时间划分为时间步长的小单位，根据接触力得到时间步长内的颗粒加速度，对颗粒加速度进行两次时间步长的积分得到下一时间步长

开始颗粒的初始位置。重复此过程，得到完整运动过程的结果。

本章着重研究可变形裂缝内固相颗粒的运移、堆积和封堵过程数值仿真，仿真结果必然存在颗粒的堆积，当颗粒发生堆积时，堆积的颗粒时刻接触，当运用硬球模型时，仿真过程无法持续计算，综上所述本章采用软球模型处理固相颗粒在可变形裂缝内的运移、堆积和封堵问题。

在裂缝空间中，颗粒受到的作用力不同，其中颗粒与颗粒之间同样存在接触力 $\boldsymbol{F}_i$，在计算过程中，接触力被分为切向分量 $\boldsymbol{F}_i^s$ 和法向分量 $\boldsymbol{F}_i^n$，其表达式为：

$$\boldsymbol{F}_i = \boldsymbol{F}_i^n + \boldsymbol{F}_i^s \quad (6-2-1)$$

颗粒与颗粒间的接触力法向分量 $\boldsymbol{F}_i^n$ 可表示为：

$$\boldsymbol{F}_i^n = K^n U^n \boldsymbol{n} \quad (6-2-2)$$

式中 K^n——颗粒与颗粒之间接触处的法向刚度，与接触力计算模型有关；接触力计算模型为线性接触模型时，K^n 为一常数；当接触力模型为 Hertz 接触模型时，K^n 与接触量为非线性正相关关系，N/m；

$\boldsymbol{n}$——颗粒间的距离矢量，与接触面垂直；

U^n——颗粒与颗粒之间或者颗粒与裂缝表面之间的变形重叠量，m。

U^n 可表示为：

$$U^n = \begin{cases} R^{[A]} + R^{[B]} - d & （颗粒—颗粒）\\ R^{[b]} - d & （颗粒—裂缝表面） \end{cases} \quad (6-2-3)$$

式中 $R^{[A]}$、$R^{[B]}$、$R^{[b]}$——颗粒 A、B、b 的半径，m；

d——颗粒 A、B 的圆心距离，m。

颗粒在裂缝空间运移，颗粒与颗粒之间的接触如图 6-2-1 所示，n_i 为接触面上的法向量，表达式为：

$$\boldsymbol{n}_i = \frac{\boldsymbol{x}_i^{[A]} + \boldsymbol{x}_i^{[B]}}{d} \quad （颗粒—颗粒）\quad (6-2-4)$$

式中 $\boldsymbol{x}_i^{[A]}$——颗粒 A 的球心位置向量；

$\boldsymbol{x}_i^{[B]}$——颗粒 B 的球心位置向量；

d——颗粒 A、B 的圆心距离，m。

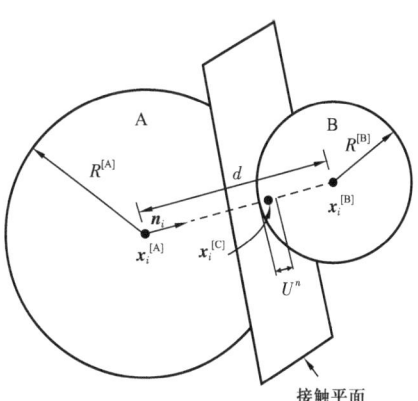

图 6-2-1 颗粒之间的接触示意图

d 的表达式为：

$$d = \left| \boldsymbol{x}_i^{[B]} - \boldsymbol{x}_i^{[A]} \right| = \sqrt{\left(\boldsymbol{x}_i^{[B]} - \boldsymbol{x}_i^{[A]}\right)\left(\boldsymbol{x}_i^{[B]} - \boldsymbol{x}_i^{[A]}\right)} \quad （颗粒—颗粒）\quad (6-2-5)$$

颗粒与颗粒之间、颗粒与裂缝表面之间接触点的位置，表示为：

$$x_i^{[C]} = \begin{cases} x_i^{[B]} + \left(R^{[A]} - \frac{1}{2}U^n\right)n_i & \text{（颗粒—颗粒）} \\ x_i^{[b]} + \left(R^{[b]} - \frac{1}{2}U^n\right)n_i & \text{（颗粒—裂缝表面）} \end{cases} \quad (6-2-6)$$

颗粒与平整裂缝面的接触如图 6-2-2 所示，n_i 为颗粒圆心到裂缝表面之间的最小距离方向。

实际上裂缝面是粗糙的，颗粒在粗糙裂缝表面的接触情况如图 6-2-3 所示，将裂缝面的凸体理想化，由两线段 AB 和 BC 组成，将其划分为五个区域，当颗粒圆心处于区域 1、3 或者 5 时，颗粒与裂缝为顶点接触，n_i 方向为颗粒圆心到裂缝面接触点的连线，当颗粒圆心处于区域 2、4 时，颗粒与裂缝为面接触，n_i 方向为裂缝面的法方向。针对裂缝空间三维模型，认为颗粒可以与裂缝表面接触或与两个裂缝表面的交接线处接触。

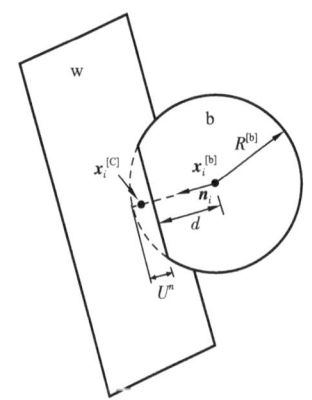 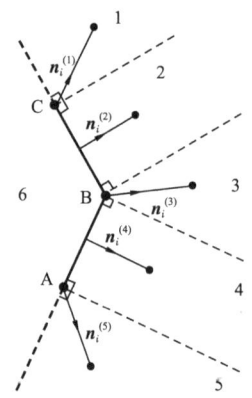

图 6-2-2 颗粒与平整裂缝表面的接触示意图　　图 6-2-3 颗粒与起伏裂缝面的接触示意图

每一个时间步长都会计算新的 n_i 和 $x_i^{[C]}$，得到颗粒与裂缝面新的接触位置，而接触力切向分量 F_i^s 为全局坐标向量，它随着接触位置的变化而变化，通过两个旋转完成 F_i^s 计算：

第一个旋转后的 F_i^s 可描述为：

$$\{F_i^s\}_{\text{rot.1}} = F_i^s\left(\delta_{ij} - e_{ijk}e_{kmn}n_m^{\text{old}}n_n^{\text{new}}\right) \quad (6-2-7)$$

式中　n_m^{old}——上一个时间步长计算的接触面单位法向量。

新的法线法向通过第二个旋转得到，表达式为：

$$\{F_i^s\}_{\text{rot.2}} = \{F_i^s\}_{\text{rot.1}}\left(\delta_{ij} - e_{ijk}\{\omega_k\}\Delta t\right) \quad (6-2-8)$$

式中　Δt——计算时间步长，s；

ω_k——新的法向上两个接触体的平均角速度，rad/s，表达式为：

$$\langle \omega_k \rangle = \frac{1}{2}\left(\omega_j^{[\phi^2]} + \omega_i^{[\phi^2]}\right)n_j n_i \quad (6\text{-}2\text{-}9)$$

式中 $\omega_j^{[\phi^j]}$ ——颗粒 ϕ^j 的角速度，rad/s，表达式为：

$$\{\phi^1, \phi^2\} = \begin{cases} \{A, B\} & （颗粒—颗粒） \\ \{b, w\} & （颗粒—裂缝表面） \end{cases} \quad (6\text{-}2\text{-}10)$$

颗粒 A 与颗粒 B 在接触点处的相对速度及颗粒 b 与墙体 w 的相对速度的计算表达式为：

$$\begin{aligned} V_i &= \left(x_i^{[C]}\right)_{\phi^2} - \left(x_i^{[C]}\right)_{\phi^1} \\ &= \left[x_i^{[\phi^2]} + e_{ijk}w_j^{[\phi^2]}\left(x_k^{[C]} - x_k^{[\phi^2]}\right)\right] - \left[x_i^{[\phi^1]} + e_{ijk}w_j^{[\phi^1]}\left(x_k^{[C]} - x_k^{[\phi^1]}\right)\right] \end{aligned} \quad (6\text{-}2\text{-}11)$$

式中 $x_j^{[\phi^j]}$ ——颗粒 ϕ^j 平均线速度，m/s。

对于接触平面上的接触速度，可以分解为切向速度和法向速度，分别用 V_i^s、V_i^n 表示，切向分量 V_i^s 表达式为：

$$V_i^s = V_i - V_i^n = V_i - V_j^n n_j n_i \quad (6\text{-}2\text{-}12)$$

切向作用力与位移的表达式为：

$$\Delta F_i^s = -k^s \Delta U_i^s \quad (6\text{-}2\text{-}13)$$

式中 k^s ——切向刚度，为线性模量，与作用力的增加和位移有关，表示为：

$$\Delta U_i^s = V_i^s \Delta t \quad (6\text{-}2\text{-}14)$$

式中 Δt ——计算时间步长，s。

切向作用力的表达式为：

$$F_i^s = \left\{F_i^{s[\text{old}]}\right\}_{\text{rot.2}} + \Delta F_i^s \quad (6\text{-}2\text{-}15)$$

式中 $F_i^{s[\text{old}]}$ ——上一时步的切向作用力，N。

颗粒的运动包含了平动和转动两种，分别受颗粒的合力和合力矩影响，颗粒的合力包括流体曳力，接触力和体积力三种，与平动的关系可以表示为：

$$m_p \frac{\mathrm{d}u_p}{\mathrm{d}t} = F_{p,n} + F_{p,f} + F_{p,p} + F_{p,v} + F_{p,b} \quad (6\text{-}2\text{-}16)$$

式中 m_p ——颗粒质量，kg；

u_p ——颗粒速度，m/s；

t——时间，s；

$F_{p,n}$——颗粒的法向接触力，N；

$F_{p,f}$——流体对颗粒的力，N；

$F_{p,p}$——颗粒受到的压力，N；

$F_{p,v}$——颗粒的黏滞力，N；

$F_{p,b}$——颗粒受到的重力和浮力，N。

颗粒的合力矩与转动的关系可以表示为：

$$I_p \frac{\mathrm{d}\omega_p}{\mathrm{d}t} = r_p \times F_{p,t} + T_p \qquad (6-2-17)$$

式中　I_p——颗粒的转动惯量，kg·m²；

ω_p——颗粒的角速度，rad/s；

r_p——颗粒半径，m；

$F_{p,t}$——颗粒切向接触力，N；

T_p——颗粒扭矩，N·m。

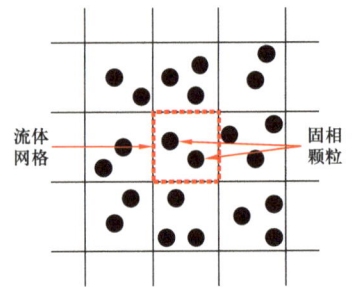

图6-2-4　Unresolved CFD-DEM 的计算网格示意图

2. CFD-DEM 的耦合计算过程

在 Unresolved 耦合方法中，由于流体部分的网格尺寸要远大于颗粒的直径，所以对颗粒周围的流场变化精细求解程度差，要依靠经验公式，基于动量守恒或者牛顿第二定律计算流体对颗粒的作用力，颗粒对流体的反作用力相同。并且在计算过程中，需要将流体部分的每一个网格内所有的颗粒对流体的动量求和，作为一个动量源相添加到流体的动量方程中，如图6-2-4。

根据第二章的可视化实验现象可以得到，裂缝中的颗粒数量庞大，所以本书以软球模型的接触模型为基础，选用 Hertz 接触模型计算颗粒与颗粒、颗粒与裂缝壁面之间的接触力。

因为要求解边长是颗粒直径几倍的流体相的运动，所以每个颗粒周围流场的计算精度不够高，因此要通过 Freestream Equation 模型作为曳力模型来近似描述流体对颗粒施加的作用力，根据牛顿第三定律，将颗粒对流体的反作用力加入流体方程中作为动量交换，其中流体的连续方程和动量方程表达式分别为：

$$\frac{\partial(\rho_f \alpha_f)}{\partial t} + \nabla(\rho_f \alpha_f u_f) = 0 \qquad (6-2-18)$$

$$\frac{\partial(\rho_f \alpha_f u_f)}{\partial t}+\nabla(\rho_f \alpha_f u_f u_f)=-\alpha_f \nabla p+\eta \nabla^2(\alpha_f u_f)+S_p \quad (6-2-19)$$

式中 ρ_f——流体密度，kg/m^3；

α_f——流体计算网格中流体的体积分数；

t——时间，s；

u_f——流体流速，m/s；

p——流体压力，MPa；

η——流体黏度，$mPa \cdot s$；

S_p——动量源项，N/m^3。

为了计算颗粒所受的流体曳力，Gidaspow、Di Felice、Koch and Hill、EMMS 等多种经验模型相继被提出。本章采用 Freestream Equation 模型计算流体曳力，其计算公式为：

$$\begin{cases} F_{drag}=\dfrac{1}{2}C_d \rho_f \pi R|\dot{x}_i - u_f|(\dot{x}_i - u_f)\alpha_f^{-\chi} \\ C_d = \left(0.63+\dfrac{4.8}{\sqrt{Re_p}}\right)^2 \\ Re_p = \dfrac{2\rho_f|\dot{x}_i - u_f|}{\eta} \\ \chi = 3.7 - 0.65\exp\left[-(1.5-\lg Re_p)^2/2\right] \end{cases} \quad (6-2-20)$$

如图 6-2-5 所示，在 CFD-DEM 计算过程中，计算机有序的运行 FLUENT 软件和 EDEM 软件，然后将流体与颗粒的运动进行耦合。耦合程序会根据颗粒的最新位置重新

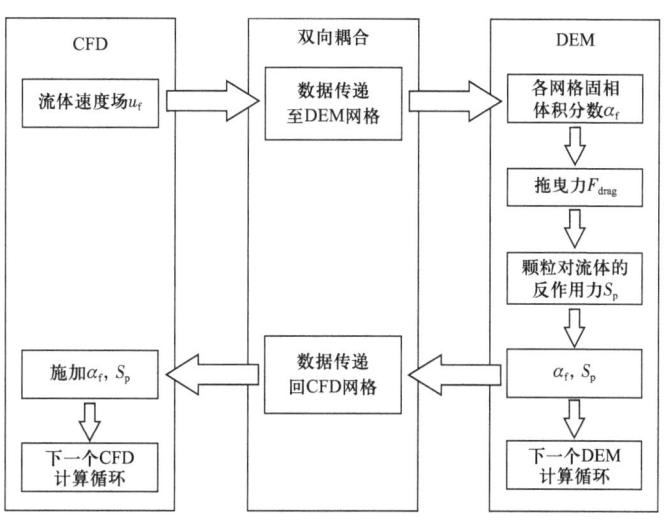

图 6-2-5 CFD 与 DEM 之间的数据交换

计算流体计算网格的孔隙度。同时统计每个流体计算网格内颗粒对流体的动量传递量。从而计算下一时间步长的流场。以上过程将不断重复进行，直至完成指定时间长度的仿真计算。

二、不同注入方式下的裂缝内固液流动规律

1. 仿真模型概述

本书第二章已经完成裂缝扫描重构工作，建立了碳酸盐岩裂缝流动空间模型。本节主要开展不同注入方式下的固相颗粒在碳酸盐岩裂缝内的运移过程 CFD-DEM 仿真，在选择几何模型时仍然选用第三章碳酸盐岩裂缝流动的空间模型。在整个碳酸盐岩裂缝流动空间模型中，选取一个 150 mm×100 mm 的长方形区域作为仿真的几何模型，其平均开度为 0.83 mm，开度范围在 0.27~1.49 mm 之间。

对于不同注入方式的描述，本书选用常规注入方式和分级注入方式两种。常规注入方式为将所有粒径的固相颗粒混合到一起注入裂缝内；分级注入方式是根据固相颗粒的粒径大小，按照粒径尺寸由大到小的顺序分级注入裂缝内。通过对两种注入方式下固相颗粒在真实碳酸盐岩裂缝内的运移、架桥和堆积情况进行分析，揭示不同注入方式下固相颗粒在裂缝内的架桥机理，从而得到固相颗粒在真实裂缝内的封堵机理，对比两种注入方式固相颗粒在真实碳酸盐岩裂缝内的流动特征。

在实际钻井过程中，钻井液中包含多种材料，如封堵材料、加重材料等，属于多分散体系，其中固相颗粒种类繁多，尺寸从微米级到毫米级，范围跨度大，实际钻井作业时，常常采用大范围尺寸的固相颗粒进行封堵作业，其中大尺寸的固相颗粒在裂缝中起架桥作用，缩小流动通道，小尺寸颗粒的作用是封堵大尺寸颗粒进行的架桥，形成致密的封堵区，最终完成封堵。

但是在仿真中，相同体积分数情况下，小尺寸颗粒的数量远大于大尺寸颗粒，使计算量大幅增加且计算速度降低。本书主要研究固相颗粒在可变形裂缝中的运移过程的数值仿真，着重探究致密封堵区的形成过程，因为当裂缝发生变形后，裂缝内封堵区的固相颗粒发生流动变化，所以没有选择真实的钻井液和固相颗粒参数。

本章仿真中采用的是 Freestream Equation 经验模型，适用于多分散体系，但是当固相颗粒的种类过多时，流场会发生计算错误，导致固相颗粒运移过程失真。当选用四种固相颗粒在裂缝中进行流动仿真时，裂缝内的固相颗粒会随着计算的进行发生颗粒瞬间消失的现象，并且固相颗粒的流动会在裂缝入口处重新计算，由此，为了提高计算精度，本章选用三种不同尺寸的球形固相颗粒进行 CFD-DEM 流动仿真，探究可变形裂缝内固相颗粒的运移、架桥和堆积过程。在仿真中颗粒与颗粒、颗粒与裂缝表面之间的接触模型为

Hertz-Mindlin 接触模型，因为当计算固相颗粒在粗糙裂缝中的运移时，它的切向摩擦力遵循库仑摩擦定律模型，滚动摩擦采用与接触无关的定向恒转矩模型，与实际情况相符。本章所采用的物性参数见表 6-2-1。

表 6-2-1 物性参数

参数名称	物性参数
颗粒质量流量	1 g/s
钻井液密度	1 640 kg/m^3
钻井液黏度	30 mPa·s
颗粒杨氏模量	1 000 MPa
颗粒密度	2.2 g/cm^3
颗粒泊松比	0.25
颗粒摩擦系数	0.3
颗粒恢复系数	0.5
重力加速度	9.8 m/s^2

对于物性参数需要说明的是，当固相颗粒在流体中运动时，颗粒及颗粒形成的堆积体主要受到自身重力和流体曳力的影响，形成的堆积不具有致密性，所以杨氏模量等参数对颗粒的运动和堆积体的状态不会造成明显的影响。由此在 CFD-DEM 仿真中，颗粒材料的杨氏模量和泊松比对颗粒在裂缝内的流动过程的影响可以忽略不计，所以本章在杨氏模量上选用了一组经验值进行仿真。

本书在设置颗粒尺寸时选择了颗粒直径为 0.8 mm、0.6 mm、0.4 mm 的三种尺寸颗粒，假设固相颗粒为球形颗粒，固相颗粒以 0.3 m/s 的初速度跟随流体进入裂缝空间。本章中选择两种注入方式进行仿真模拟，包括常规注入和分级注入。常规注入是三种固相颗粒按不同的占比一同进入裂缝，在流场作用下进行运移、架桥和堆积。分级注入是先由最大粒径的颗粒进入裂缝，然后依次进入小粒径的固相颗粒，不同粒径的固相颗粒在相同流场作用下进行运移、架桥和堆积。在流体计算部分，设置时间步长为 1×10^{-5} s，颗粒计算部分，设置时间步长为 1×10^{-7} s。

假设钻井液为不可压缩流体，裂缝内的流体速度由裂缝缝板两端的压差决定。设定流体从裂缝缝板的入口进入缝板，从裂缝缝板末端流出。根据现场的钻井液漏失数据，确定在仿真中的固定压力边界条件，设置初始入口压力为 0.16 MPa，出口压力为 0 MPa，整个模型的压力损耗为裂缝缝板内的摩擦损耗，缝板长度为 150 mm，计算得到裂缝内的压力梯度约为 1 MPa/m。

2. 常规注入方式下的颗粒运移过程

当直径为 0.8 mm、0.6 mm 和 0.4 mm 的固相颗粒以 1 g/s 的质量流量随流体进入到裂缝内，截取不同时刻的仿真结果如图 6-2-6 所示，图中颗粒的颜色代表颗粒的粒径。

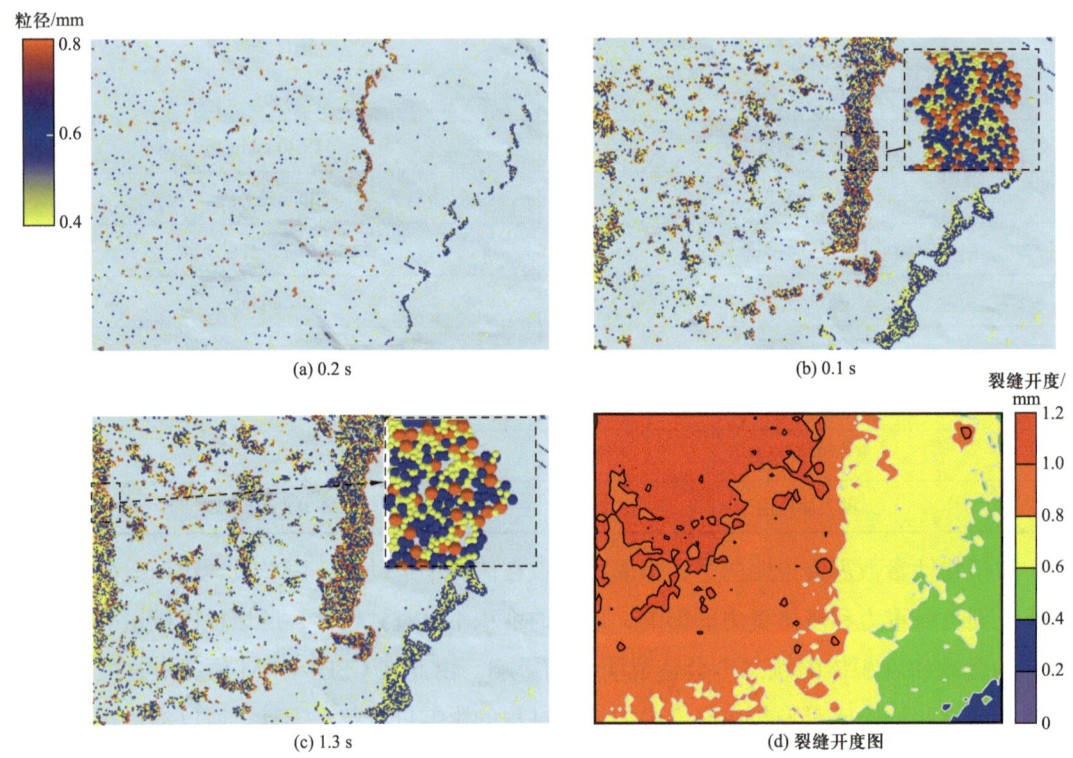

图 6-2-6　固相颗粒以 1 g/s 质量流量进入裂缝缝板时不同时刻仿真结果与裂缝开度图

调整固相颗粒的质量流量，由最初的 1 g/s 调整为 0.65 g/s，截取调整后不同时刻的仿真结果图如图 6-2-7 所示。减少固相颗粒的体积分数后，不影响固相颗粒在裂缝内的运移过程。

由图 6-2-7 可知，当固相颗粒杂乱地进入到裂缝中，随着钻井液在裂缝中流动，根据裂缝缝板的开度分布和固相颗粒的直径，在固相颗粒的直径大于缝板开度的区域进行架桥，如图 6-2-7（a）所示，此过程中有大量的固相颗粒流向裂缝缝板的深处，最终流出裂缝缝板。当靠近裂缝入口处形成稳定的架桥，后续的固相颗粒在此基础上进行堆积和发育成更加致密的堆积体，如图 6-2-7（b）所示。在放大区域可以得到，大尺寸颗粒作为架桥粒子，小尺寸颗粒作为填充颗粒形成稳定且致密性良好的堆积体。

在图 6-2-7（b）中已经存在封口现象，在裂缝入口处仅有几处堆积体阻碍固相颗粒进入裂缝缝板内。随着仿真继续进行，封口现象越来越严重，仿真结果如图 6-2-7（c）

所示，裂缝入口 80% 的区域已经被堆积体填充，根据裂缝开度图，只有在裂缝缝板开度最大的上部区域固相颗粒才能进入，由此停止仿真。

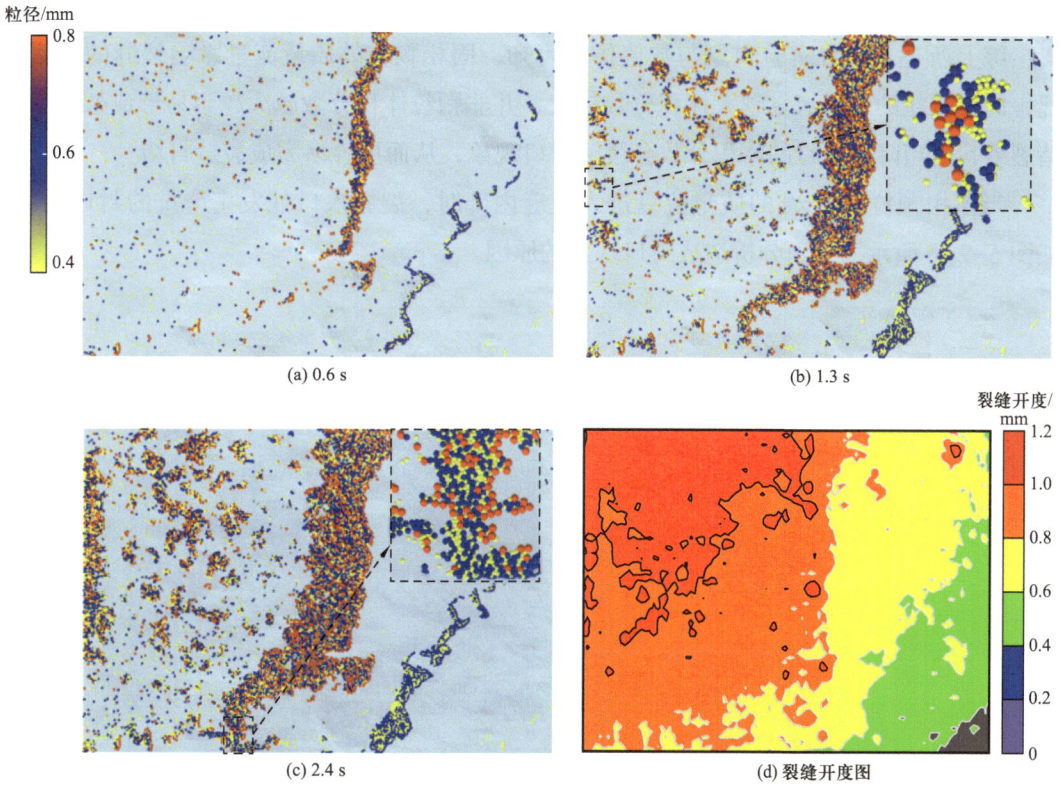

图 6-2-7　固相颗粒以 0.65 g/s 质量流量进入裂缝缝板时不同时刻仿真结果与裂缝开度图

对比图 6-2-6 可知，虽然在裂缝入口处仍然存在封口现象，但是在相同时刻，调整后封口现象明显缓解，并且在裂缝缝板内形成了完整的封堵带。此时出现封口的原因，与之前的不同，从图 6-2-7（b）可知，此时裂缝内的封堵带仅存在一个缺口，放大区域的堆积体是由小颗粒进行多粒架桥进而逐渐发育为堆积体，裂缝内钻井液流速最大的区域为封堵带的缺口处，其余部分的流体流速变小，但是固相颗粒仍然大量进入裂缝，所以在低流速大数量的条件下，形成多粒架桥的概率大大增加，因此会在裂缝入口处造成封口现象。而封堵带缺口处成为固相颗粒向裂缝出口运移的唯一通道，所以固相颗粒通过的数量大大增加，更容易形成多粒架桥，形成完整的封堵带。

结合第三章的实验进行分析，如图 6-1-8 所示，当柔性颗粒的体积分数为 1.5% 时，实验发生严重的封口现象，裂缝内部形成部分的堆积体，没有完整的封堵带，裂缝入口处柔性颗粒形成大量的堆积，固相颗粒无法进入裂缝，其中进入裂缝的多为刚性颗粒，仅有实验流体可以进入缝板。

降低柔性颗粒的体积分数，增加刚性颗粒的体积分数，如图6-1-10所示，可以看到形成了完整的封堵带，裂缝内的柔性颗粒数量也明显增加，裂缝入口处的封口现象明显缓解，封堵带的致密性增强。

综上所述，结合实验现象与数值仿真可知，固相颗粒的质量流量影响裂缝的封堵情况，固相颗粒的质量流量越大体积分数越大，并非颗粒体积分数越大越容易形成架桥和封堵裂缝，适当降低颗粒的体积分数会缓解封口现象，从而更容易完成裂缝封堵。

当固相颗粒以 1 g/s 的质量流量进入裂缝内部时，裂缝入口处发生严重的封口现象，如图6-2-8所示。下面分析造成封口现象的原因。

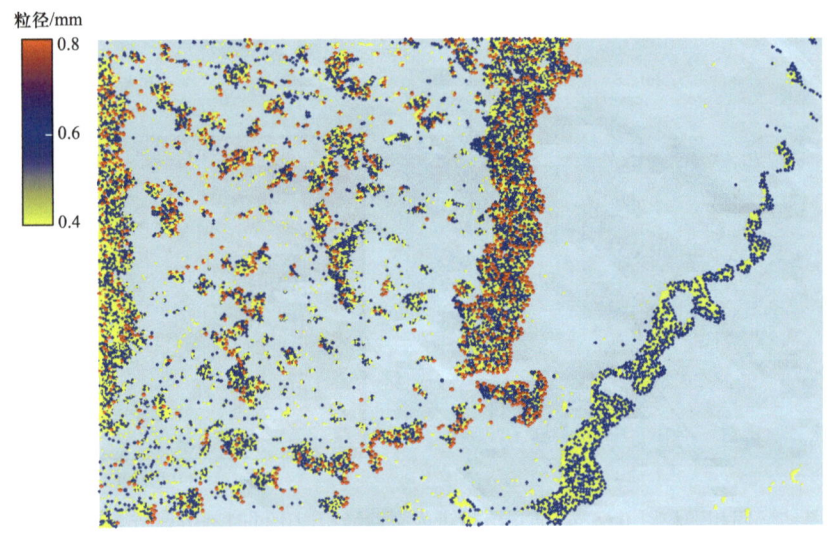

图 6-2-8 裂缝入口处封口现象图

首先，固相颗粒在形成裂缝入口处堆积体的过程与形成裂缝深处堆积体的过程不同，不是由大尺寸颗粒最先形成架桥，小尺寸颗粒进行填充，而是裂缝入口处存在不同尺寸的颗粒进行多粒架桥，最后发育成堆积体封堵入口。观察整个裂缝内的堆积体，裂缝深处堆积体中直径为 0.6 mm 的固相颗粒的数量大于其他两种尺寸的固相颗粒，而裂缝入口处的堆积体中，直径为 0.4 mm 的固相颗粒数量远大于其他两种尺寸的固相颗粒，并且裂缝入口处的堆积体致密性要强于裂缝深处的堆积体，致密性越好抵抗流体的冲击能力越强，除了直径为 0.4 mm 的固相颗粒可以少量进入裂缝内外，其他的固相颗粒均无法在裂缝内停留。

其次，裂缝入口处的裂缝开度与颗粒尺寸、材料等因素也会导致封口现象。裂缝入口与固相颗粒的架桥方式如图6-2-9所示。当固相颗粒的尺寸大于裂缝开度时，固相颗粒无法进入裂缝缝板，在裂缝两端压差的作用下无法掉落，导致其余固相颗粒无法进入裂缝内部，造成封口现象。当固相颗粒尺寸小于裂缝开度时，一旦在裂缝入口处发生架桥，后续颗粒同样无法进入到裂缝内部。本节仿真中的固相颗粒为球形颗粒，若固相颗粒为不规则形状，颗粒尺寸范围更大，更容易发生封口现象。与之前实验现象中封口现象相结合，柔性颗粒多为片状或者条状，当柔性颗粒在裂缝入口处发生架桥，后续颗粒进入裂缝缝板的难度更大。

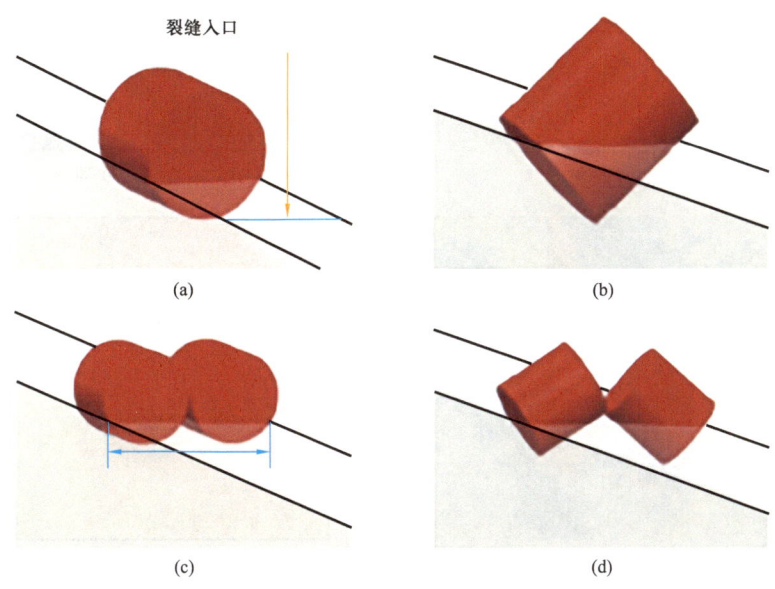

图 6-2-9 裂缝入口处颗粒架桥方式图

结合仿真结果与实验现象可得，如图 6-1-7 和图 6-1-8 所示，固相颗粒与柔性颗粒混合时，柔性颗粒更容易在裂缝入口处形成架桥。形成架桥后固相颗粒在压差的作用下对柔性颗粒的冲击变大，部分小尺寸颗粒可以在压差的作用下携带裂缝入口处的柔性颗粒进入裂缝缝板，大尺寸颗粒则无法进入到裂缝内，导致封堵失败。

如图 6-1-7 所示，柔性颗粒在裂缝入口处形成严重的封口现象，柔性颗粒无法进入裂缝内部，形成的架桥方式如图 6-2-9（a）和（b）所示，柔性颗粒可以发生折叠，尺寸变化范围大，在压差作用下更容易形成封口。并且发生封口现象后，形成的架桥不容易破坏，堆积体致密性差，实验流体可以穿透堆积体，流体拖曳力远小于颗粒与裂缝壁面和颗粒之间的摩擦力，所以封口现象难以缓解，导致封堵失败。

3. 分级注入方式下的颗粒运移过程

当固相颗粒按照尺寸大小分级注入碳酸盐岩裂缝内，不同时刻固相颗粒在裂缝内的架桥、堆积和封堵仿真结果如图 6-2-10 所示。固相颗粒在裂缝形成的稳定封堵带位置与裂缝开度相契合。三种固相颗粒形成了三道封堵带，最后一种颗粒进入到裂缝后彻底形成稳定的封堵。

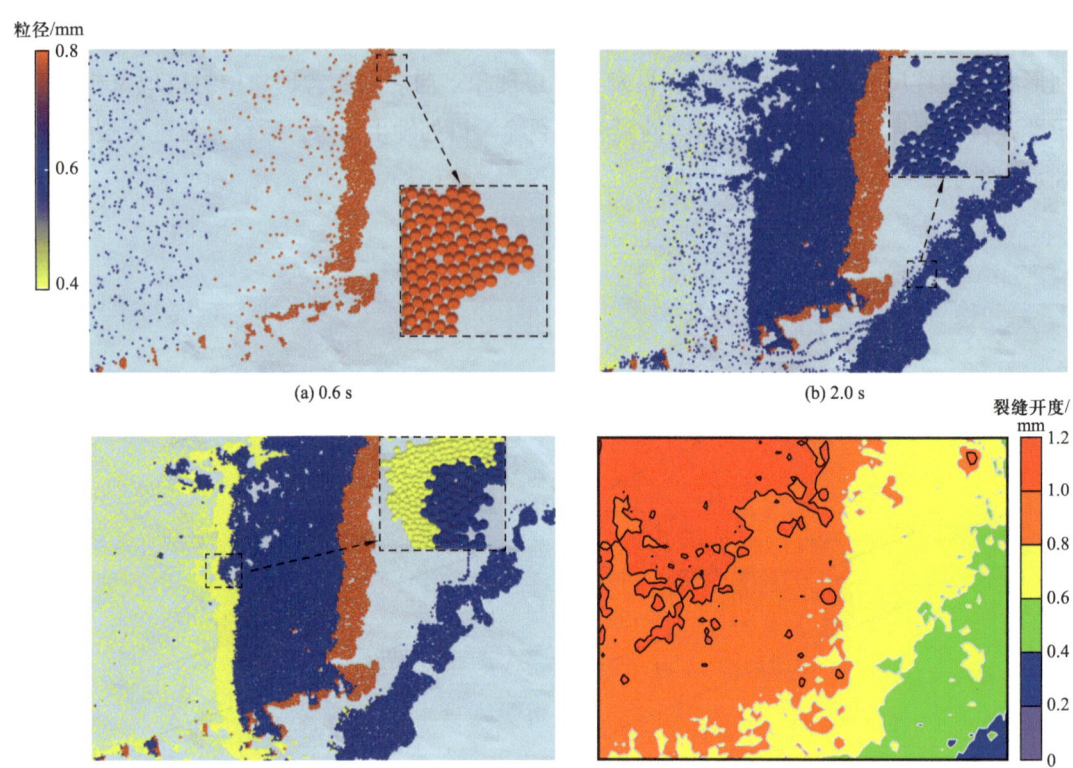

图 6-2-10 分级注入固相颗粒不同时刻仿真结果图及裂缝开度图

最先进入裂缝内的是直径为 0.8 mm 的固相颗粒，可以看到颗粒在裂缝内以单粒的形式在裂缝内架桥，在裂缝缝板开度较小的地方，颗粒无法进入到裂缝内，无法形成稳定的架桥。固相颗粒在裂缝内跟随流体运移，由于裂缝下部的开度分布不均，所以大尺寸的颗粒无法形成完整封堵带。在 0.6 s 时，直径为 0.6 mm 的固相颗粒开始进入裂缝缝板内，固相颗粒以 0.8 mm 颗粒的架桥为基础继续堆积，虽然此时形成架桥的方式包括单粒和多粒两种形式，但是仍然以单粒架桥的形式为主。直径为 0.6 mm 的固相颗粒会进一步进入裂缝深处，在开度小于 0.6 mm 的位置形成单粒架桥，并跟随流体向裂缝出口处蔓延。在 2.0 s 时，直径为 0.4 mm 的固相颗粒进入裂缝内部，此时裂缝的开度均大于颗粒的尺寸，固相颗粒在此时均以多粒架桥的形式堆积在裂缝内，逐渐形成完整的封堵带。

天然碳酸盐岩裂缝表面开度是不均匀的，根据裂缝内的开度图，裂缝下部的开度分布为交替式分布，对大尺寸颗粒在裂缝内的运移有阻挡作用，所以直径为 0.8 mm 和 0.6 mm 的固相颗粒在裂缝缝板内均没有形成完整的封堵带，如图 6-2-11（a）和（b）所示。直径为 0.8 mm 的固相颗粒在适当区域形成架桥和堆积，改变了裂缝内的流场，如图 6-2-11（a）所示，图中的颗粒颜色表示颗粒的运移速度，颜色越红表示速度越大。固相颗粒在封堵带缺口处的流动速度明显增加，更不容易形成架桥。当直径为 0.6 mm 的固相颗粒进入到裂缝内时，固相颗粒流向裂缝出口的流动通道变得狭窄，且流动通道变少，所以流动通道处的流体流速变大。此时直径为 0.6 mm 的固相颗粒数量虽然远多于直径为 0.8 mm 的固相颗粒数量，更容易在裂缝内形成架桥，但是颗粒的运动速度大，对架桥的冲击变大，架桥容易断开，在裂缝下部一直存在颗粒架桥、破坏再重组的过程，所以颗粒无法在裂缝内形成完整的封堵带，如图 6-2-11（b）所示。当直径为 0.4 mm 的固相颗粒进入裂缝缝板，固相颗粒的数量急剧增加，形成更多的多粒架桥，所以在裂缝下半部形成稳定的架桥和堆积，最终形成完整的封堵带。

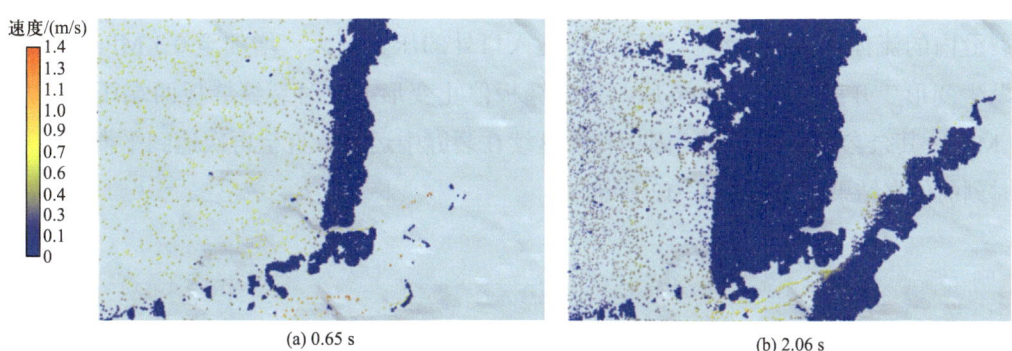

图 6-2-11　分级注入固相颗粒不同时刻运移速度仿真结果图

三、裂缝开度变化下的裂缝内固液流动规律

在实际钻井作业钻遇裂缝性地层时，地层漏失压力与地层孔隙压力接近，致使地层流体与井筒流体之间的压力难以平衡。下钻过程中的激动压力或者油气溢流等引发的井底压力变大，都会造成裂缝发生扩张变形，从而导致地层流体和井筒流体压力失衡，引发严重的井漏和井喷事故。

固相颗粒进入裂缝内形成稳定致密的封堵带，封堵带将裂缝分成两部分，与井筒相连接部分与井筒压力保持一致，另一侧与地层压力相同。假定井筒与裂缝相交，且裂缝内部已经形成完整致密的封堵带。

对于地层深处的裂缝，裂缝张开的过程可以近似认为上下两个裂缝面进行微小的平移运动，当封堵材料运用不同的封堵工艺进行封堵时，固相颗粒在裂缝中的运移过程是不同的。

1. 仿真模型概述

本节的仿真参数与上一节相同，并在此基础上增加了井周裂缝的张开变形。裂缝张开的过程可以近似认为是上下两个裂缝面进行微小的平移运动。设置裂缝缝板平移张开，整体增加裂缝缝板开度 0.2 mm。

设定仿真第一阶段为封堵阶段，此阶段仿真边界条件与上一节相同，设置固定压力边界条件，初始入口压力为 0.16 MPa，出口压力为 0 MPa，整个模型的压力损耗为裂缝缝板内的摩擦，缝板长度为 150 mm，计算得到裂缝内的压力梯度约为 1 MPa/m。第二阶段为变形阶段，此时裂缝在激动压力的作用下发生变形，实际钻井中，激动压力的变化范围为 3～5 MPa，本书选用 3 MPa，在裂缝发生变形时，设定裂缝入口处的压力增加到 0.3 MPa，出口压力保持不变，计算得到在裂缝变形过程中，裂缝内的压力梯度为 2 MPa/m。

2. 常规注入方式

固相颗粒以常规注入方式进入裂缝，固相颗粒在裂缝内形成完整且致密的封堵带。当裂缝内的流体和颗粒运动稳定后，裂缝入口处的压力变大，增加至 0.3 MPa，裂缝缝板发生变形。开度增加 0.2 mm 后，裂缝缝板停止变形。此时裂缝缝板两端压差增加到 0.3 MPa，其余参数保持不变，固相颗粒继续在裂缝中运移，直至再次达到平衡。截取不同时刻的仿真结果，如图 6-2-12 所示。

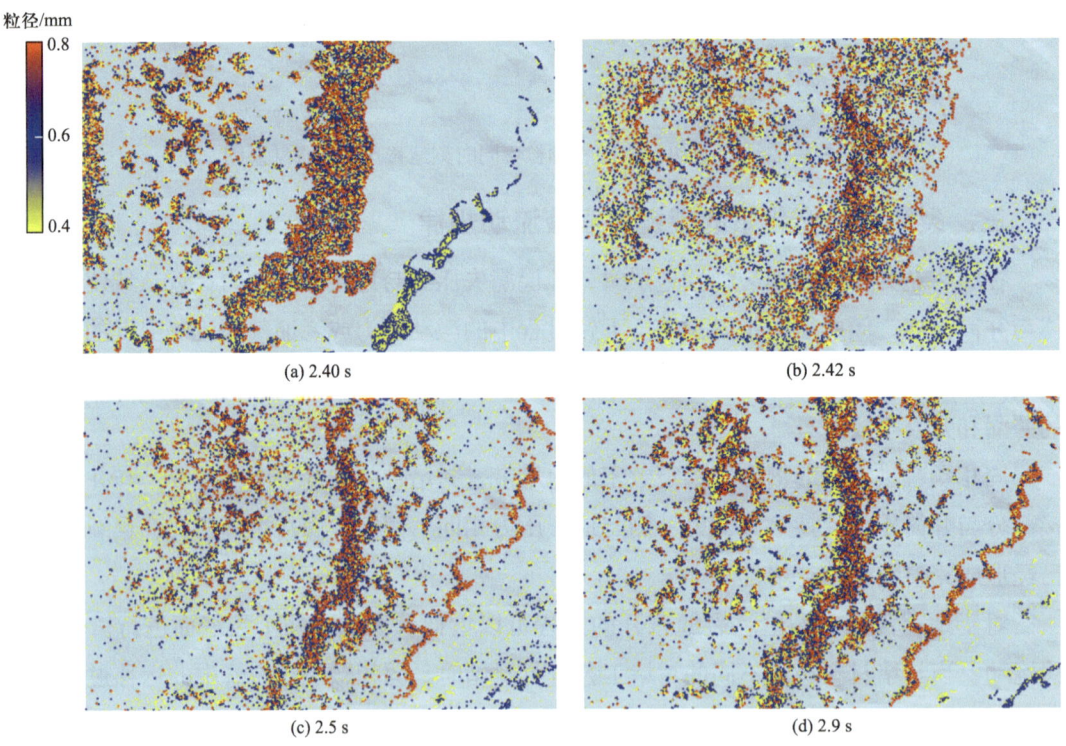

图 6-2-12 固相颗粒常规注入时变形裂缝不同时刻封堵仿真结果图

由图 6-2-12 可知，当裂缝发生变形后，由于裂缝缝板两端压差的作用，裂缝内的固相颗粒再次发生运移，裂缝内已经存在的架桥、堆积体和致密完整的封堵带全部被破坏，在流体的作用下向裂缝出口运移，如图 6-2-12（b）所示。固相颗粒在运移过程中，由于数量多，并且颗粒分布密集，所以颗粒间的相互作用变多，极易形成架桥，如图 6-2-12（c）

所示,在原有封堵带全部被破坏后,又重新形成新的架桥,后续固相颗粒迅速发生堆积形成新的完整且致密的封堵带,随着仿真的进行,裂缝内流体和固相颗粒的运动重新达到稳定,如图6-2-12(d)所示。裂缝缝板在发生变形后,靠近裂缝缝板出口小尺寸固相颗粒全部流出裂缝缝板,封堵带中的小尺寸颗粒也存在流出裂缝缝板的现象,缝板内的固相颗粒减少,封堵带宽度变小。裂缝缝板在发生变形到再次形成稳定封堵带总用时为0.49 s。

对比裂缝变形前后封堵带的位置,在裂缝变形前,由直径为0.8 mm的固相颗粒在裂缝开度为0.6 mm区域前形成架桥,然后不同尺寸的固相颗粒在此基础上进行堆积发育,最终形成完整的封堵带。在裂缝变形后,最先形成架桥的固相颗粒继续向裂缝深处运移,而封堵带的位置与裂缝变形前的位置变化不大,但是封堵带的宽度明显变小。

将裂缝变形前后封堵带放大,观察其架桥情况,如图6-2-13和图6-2-14所示。在裂缝变形前,封堵带的最外层均是直径为0.8 mm的固相颗粒,根据裂缝开度分布,直径为0.8 mm的固相颗粒无法流向裂缝出口,其后续的固相颗粒在最外层上进行堆积,最后

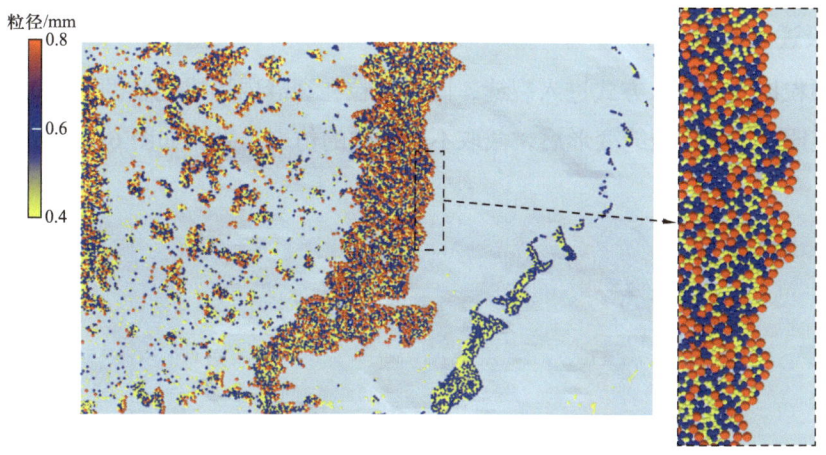

图6-2-13 裂缝变形前封堵带架桥颗粒分布图

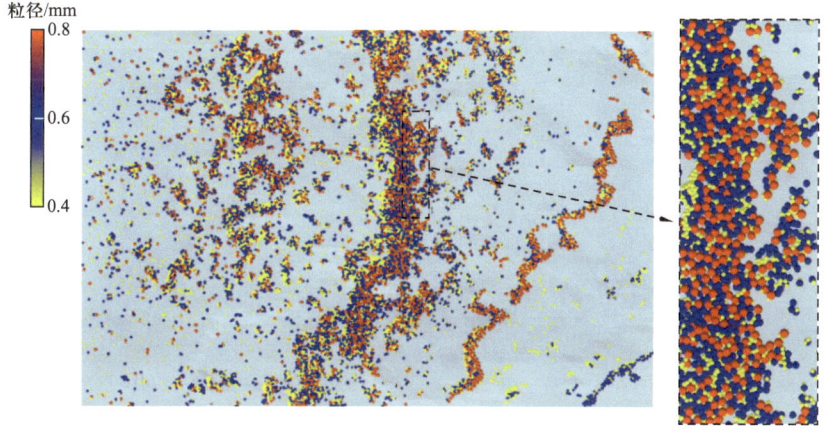

图6-2-14 裂缝变形后封堵带架桥颗粒分布图

形成完整的封堵带。而裂缝变形后，裂缝张开 0.2 mm，最外层的直径为 0.8 mm 的固相颗粒继续向裂缝深处运移。在放大图中可以看到重新形成的封堵带，颗粒的架桥方式为多粒架桥，不同尺寸颗粒之间形成的双粒架桥和三粒架桥现象明显，在裂缝开度远大于固相颗粒尺寸的情况下形成稳定的架桥和堆积体，最外层则不存在单粒架桥的现象。由此可得，裂缝变形前后固相颗粒在裂缝内的架桥机理发生变化，由单粒架桥变为多粒架桥。

封堵区全部依靠多粒架桥在裂缝内形成完整的封堵带，需要满足同时存在大量的固相颗粒，由于裂缝表面粗糙，颗粒与裂缝面之间存在摩擦力，当裂缝张开的瞬间，在裂缝缝板两端压差的作用下，流体带动固相颗粒运移，不同直径的固相颗粒受到的流体曳力也不同。在流体曳力、颗粒与裂缝面之间的摩擦力和颗粒与颗粒之间的摩擦力作用下，颗粒与颗粒间非常容易形成架桥和堆积。这个现象在裂缝入口处也可以观察到，裂缝入口处的堆积体在裂缝平移张开后同样向裂缝深处移动，大量的固相颗粒在裂缝内进行架桥堆积，同时解除裂缝入口处的封口现象。

3. 分级注入方式

固相颗粒以分级注入方式进入裂缝，固相颗粒在裂缝内形成完整的封堵带，封堵带颗粒种类分界明显。地层裂缝变形后，截取不同时刻的仿真结果，如图 6-2-15 所示。

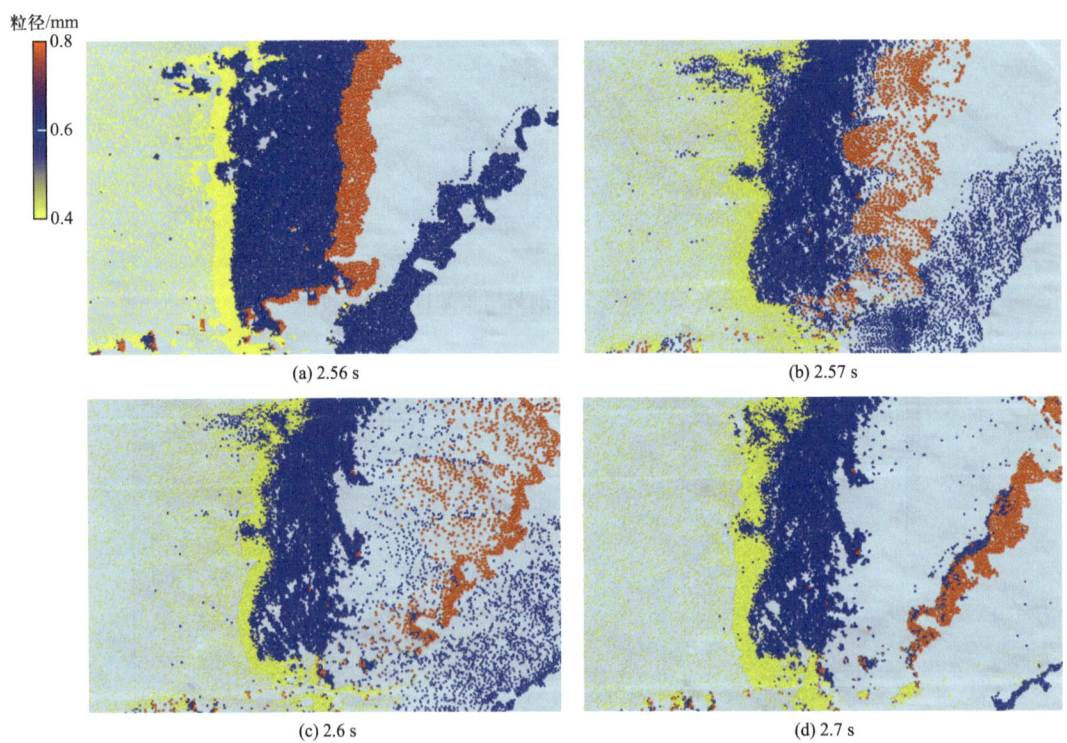

图 6-2-15　固相颗粒分级注入时变形裂缝不同时刻封堵仿真结果图

由图 6-2-15 可知，当裂缝发生变形后，由于裂缝缝板两端压差的作用，裂缝内的固相颗粒再次发生运移，裂缝内已经存在的架桥、堆积体和致密完整的封堵带全部被破坏，在流体的作用下向裂缝出口运移，如图 6-2-15（b）所示。固相颗粒在运移过程中，由于数量多、颗粒分布密集并且颗粒直径较大，所以颗粒间的相互作用变多，极易形成架桥，如图 6-2-15（c）所示，在原有封堵带全部被破坏后，又重新形成新的架桥，后续固相颗粒迅速发生堆积形成新的完整且致密的封堵带，整个过程仅仅用时 0.03 s，裂缝内已经形成大部分的封堵带。随着仿真的进行，裂缝内流体和固相颗粒的运动重新达到稳定，如图 6-2-15（d）所示。裂缝缝板在发生变形后，靠近裂缝缝板出口处直径为 0.6 mm 的固相颗粒全部流出裂缝缝板，封堵带中的小尺寸颗粒也存在流出裂缝缝板的现象，缝板内的固相颗粒减少，但是流出裂缝缝板的固相颗粒数量少，封堵带宽度变小。裂缝缝板在发生变形到再次形成稳定封堵带总用时为 0.14 s。

对比裂缝变形前后封堵带的位置，在裂缝变形前，因为固相颗粒以分级注入的方式进入裂缝缝板，不同直径的固相颗粒按粒径大小的顺序注入缝板，在裂缝内形成稳定的封堵带，在封堵带形成的过程中，几乎没有固相颗粒流出缝板，封堵带的宽度大，但是致密性较差。在裂缝变形后，封堵带最外层的固相颗粒在压差作用下，继续向裂缝深处运移，第二层固相颗粒因为之前存在双粒架桥的现象，没有过多向裂缝深处运移，所以封堵带位置变化不明显，但是封堵带宽度明显减小。

将裂缝变形前后封堵带放大，观察其架桥情况，如图 6-2-16 所示。在裂缝变形前，封堵带的最外层是直径为 0.8 mm 的固相颗粒，其架桥方式均为单粒架桥，所以颗粒与颗粒间的空隙大，存在封堵带稳定性好但是致密性差的问题，并且受裂缝表面形态影响，在裂缝开度不足处无法形成完整的封堵带，裂缝内的流场状态改变。第二层是直径为 0.6 mm 的固相颗粒，该层封堵带的架桥方式出现多粒架桥的形式，但还是以单一架桥的形式为主，受到第一层封堵带流场的影响，仅在第一层封堵带的基础上继续形成堆积。在裂缝开度和流场的影响下，没有形成架桥的区域封堵带发育迟缓，进一步影响裂缝内的流

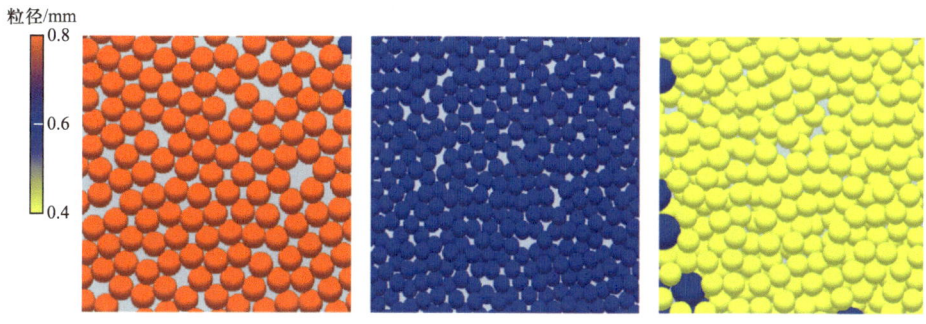

图 6-2-16 裂缝变形前封堵带颗粒分布图

场。该层固相颗粒间的空隙相较于第一层减小，但是仍然存在较大的空隙。封堵带的最后一层是直径为 0.4 mm 的固相颗粒，由于裂缝开度远大于颗粒直径，该层固相颗粒的架桥方式均以多粒架桥形式出现，并且颗粒数量大，在封堵带缺口处流速大，形成多粒架桥的概率大，最终完成裂缝的封堵，且封堵层致密性要比前两层好。

裂缝张开变形后，裂缝张开量为 0.2 mm，完整的封堵带没有整体向裂缝深处移动，并在裂缝开度合适的区域重新架桥，而是最外层的直径为 0.8 mm 的固相颗粒继续向裂缝深处运移，直径为 0.6 mm 的固相颗粒在少量流失的情况下，在原封堵带位置形成新的封堵带。地层裂缝变形后颗粒的架桥情况如图 6-2-17 所示，在图 6-2-17 中可以看到重新形成的封堵带，直径为 0.6 mm 的固相颗粒的架桥形式为多粒架桥，颗粒之间形成的双粒架桥和三粒架桥现象明显，在裂缝开度大于固相颗粒尺寸的情况下形成稳定的架桥和堆积体，最外层则不存在单粒架桥的现象，并且颗粒间的空隙变小，封堵带致密性增强。由此可得，裂缝变形后固相颗粒在裂缝内的架桥机理发生变化，由单粒架桥变为多粒架桥。

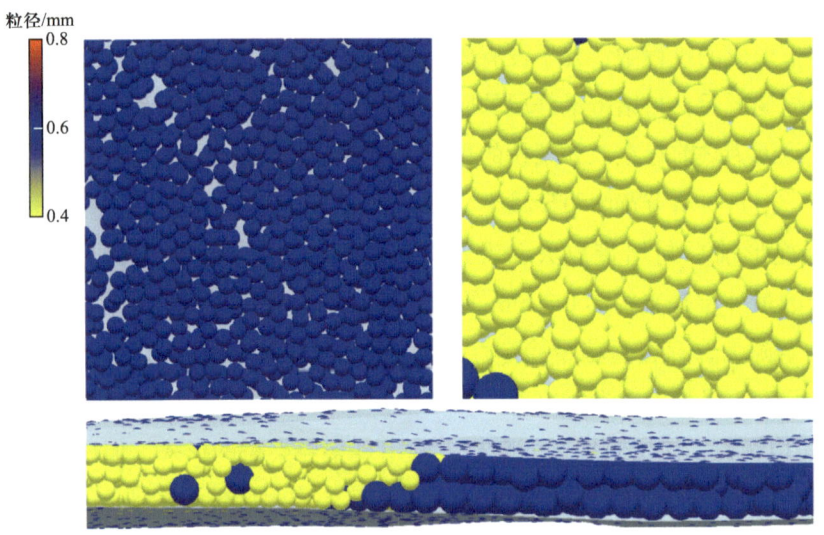

图 6-2-17　裂缝变形后封堵带颗粒分布图

参考文献

[1] 孙金声, 王韧, 龙一夫. 我国钻井液技术难题、新进展及发展建议 [J]. 钻井液与完井液, 2024, 41 (1): 1-30.

[2] 李鹭光. 中国天然气工业发展回顾与前景展望 [J]. 天然气工业, 2021, 41 (8): 1-11.

[3] 李阳, 康志江, 薛兆杰, 等. 碳酸盐岩深层油气开发技术助推我国石油工业快速发展 [J]. 石油科技论坛, 2021, 40 (3): 33-42.

[4] 郭旭升, 蔡勋育, 刘金连, 等. 中国石化"十三五"天然气勘探进展与前景展望 [J]. 天然气工业, 2021, 41 (8): 12-22.

[5] 蔡勋育, 刘金连, 赵培荣, 等. 中国石化油气勘探进展与上游业务发展战略 [J]. 中国石油勘探, 2020, 25 (1): 11-19.

[6] 焦方正. 非常规油气之"非常规"再认识 [J]. 石油勘探与开发, 2019, 46 (5): 803-810.

[7] 何治亮, 马永生, 朱东亚, 等. 深层—超深层碳酸盐岩储层理论技术进展与攻关方向 [J]. 石油与天然气地质, 2021, 42 (3): 533-546.

[8] 江同文, 孙雄伟. 中国深层天然气开发现状及技术发展趋势 [J]. 石油钻采工艺, 2020, 42 (5): 610-621.

[9] 李大奇, 康毅力, 曾义金, 等. 缝洞型储层缝宽动态变化及其对钻井液漏失的影响 [J]. 中国石油大学学报: 自然科学版, 2011, 35 (5): 76-81.

[10] 李松, 康毅力, 李大奇, 等. 缝洞型储层井壁裂缝宽度变化ANSYS模拟研究 [J]. 天然气地球科学, 2011, 22 (2): 340-346.

[11] 舒刚, 孟英峰, 李红涛, 等. 裂缝内钻井液的漏失规律研究 [J]. 石油钻采工艺, 2011, 33 (6): 29-32.

[12] 贾利春, 陈勉, 侯冰, 等. 裂缝性地层钻井液漏失模型及漏失规律 [J]. 石油勘探与开发, 2014, 41 (1): 95-101.

[13] 卓云, 曾庆旭, 刘德平, 等. 碳酸盐岩裂缝溶洞层胶质水泥堵漏技术——以川东地区蒲005-2井为例 [J]. 天然气工业, 2010, 30 (5): 84-86.

[14] 赵启阳. 一种可固化堵漏工作液体系的研究 [D]. 成都: 西南石油大学, 2012.

[15] 苏长明, 李家芬, 张进双, 等. 化学堵漏技术在河坝101井的应用 [J]. 钻井液与完井液, 2009, 26 (2): 108-109.

[16] 苏晓明, 练章华, 方俊伟, 等. 适用于塔中区块碳酸盐岩缝洞型异常高温高压储集层的钻井液承压堵漏材料 [J]. 石油勘探与开发, 2019, 46 (1): 165-172.

[17] 徐兴华, 李前贵. 川西裂缝气藏储层保护研究新进展 [J]. 天然气工业, 2008, 28 (9): 77-79.

[18] 王业众, 康毅力, 李航, 等. 裂缝性致密砂岩气层暂堵性堵漏钻井液技术 [J]. 天然气工业, 2011, 31 (3): 63-65.

[19] 李大奇, 康毅力, 张浩. 基于可视缝宽测量的储层应力敏感性评价新方法 [J]. 天然气地球科学, 2011, 22 (3): 494-500.

[20] 王珂, 戴俊生, 张宏国, 等. 裂缝性储层应力敏感性数值模拟——以库车坳陷克深气田为例 [J]. 石油学报, 2014, 1: 123-133.

[21] 李大奇, 康毅力, 游利军. 碳酸盐岩储层渗透率应力敏感性实验研究 [J]. 天然气地球科学, 2014, 25 (3): 409-413.

[22] 王卫红,刘传喜,刘华,等.超高压气藏渗流机理及气井生产动态特征[J].天然气地球科学,2015,26(4):725-732.

[23] 闫铁,李玮,毕雪亮.清水压裂裂缝闭合形态的力学分析[J].岩石力学与工程学报,2009,28(S2):3471-3476.

[24] 李士斌,陈波涛,张海军,等.清水压裂自支撑裂缝面闭合残留宽度数值模拟[J].石油学报,2010,31(4):680-683.

[25] 李士斌,张立刚,高铭泽,等.清水不加砂压裂增产机理及导流能力测试[J].石油钻采工艺,2011,33(6):66-69.

[26] 刘勇,卢义玉,魏建平,等.井下射孔强化压裂裂缝导流机理研究[J].安全与环境学报,2014,14(4):83-87.

[27] 周文,邓虎成,单钰铭,等.断裂(裂缝)面的开启及闭合压力实验研究[J].石油学报,2008,29(2):277-283.

[28] 刘向君,刘战君,李允,等.裂缝闭合规律研究及其对油气田开发的影响[J].天然气工业,2004,24(7):39-41.

[29] 梁源.塔河油田托甫台区一间房组油藏裂缝闭合现象分析[D].成都:成都理工大学,2014.

[30] 吴忠宝,胡文瑞,宋新民,等.天然微裂缝发育的低渗透油藏数值模拟[J].石油学报,2009,30(5):727-730.

[31] Gu S, Liu Y, Chen Z. Numerical study of dynamic fracture aperture during production of pressure-sensitive reservoirs[J]. International Journal of Rock Mechanics and Mining Sciences, 2014, 70: 229-239.

[32] 范天一,宋新民,吴淑红,等.低渗透油藏水驱动态裂缝数学模型及数值模拟[J].石油勘探与开发,2015,42(4):496-501.

[33] 王友净,宋新民,田昌炳,等.动态裂缝是特低渗透油藏注水开发中出现的新的开发地质属性[J].石油勘探与开发,2015,42(2):222-228.

[34] 范天一,吴淑红,李巧云,等.注水诱导动态裂缝影响下低渗透油藏数值模拟[J].特种油气藏,2015,3:85-88.

[35] 熊祥斌,张楚汉,王恩志.岩石单裂隙稳态渗流研究进展[J].岩石力学与工程学报,2009,28(9):1839-1847.

[36] 张有天.岩石水力学与工程[M].北京:中国水利水电出版社,2005.

[37] Barton N. Review of a new shear-strength criterion for rock joints[J]. Engineering geology, 1973, 7(4): 287-332.

[38] Barton N. Modelling rock joint behavior from in situ block tests: implications for nuclear waste repository design[R]. Terra Tek, Inc., Salt Lake City, UT(USA), 1982.

[39] Barton N, Choubey V. The shear strength of rock joints in theory and practice[J]. Rock mechanics, 1977, 10(1-2): 1-54.

[40] Tse R, Cruden D M. Estimating joint roughness coefficients[J]. International Journal of Rock Mechanics & Mining Science & Geomechanics Abstracts, 1979, 16(5): 303-307.

[41] 王媛,速宝玉.单裂隙面渗流特性及等效水力隙宽[J].水科学进展,2002,13(1):61-68.

[42] Yu X, Vayssade B. Joint profiles and their roughness parameters[J]. International Journal of Rock Mechanics & Mining Science & Geomechanics Abstracts, 1991, 28(4): 333-336.

[43] Wu T H, Ali E M. Statistical representation of joint roughness [J]. International Journal of Rock Mechanics & Mining Science & Geomechanics Abstracts, 1978, 15(5): 259-262.

[44] Barton N, Bandis S. Effects of block size on the shear behavior of jointed rock [C]. The 23rd US Symposium on Rock Mechanics (USRMS), American. Berkeley: Public New York, 1982.

[45] Krahn J, Morgenstern N R. The ultimate frictional resistance of rock discontinuities [J]. International Journal of Rock Mechanics & Mining Sciences & Geomechanics Abstracts, 1979, 16(2): 127-133.

[46] Dight P M, Chiu H K. Prediction of shear behaviour of joints using profiles [J]. International Journal of Rock Mechanics & Mining Science & Geomechanics Abstracts, 1981, 18(5): 369-386.

[47] Reeves M J. Rock surface roughness and frictional strength [J]. International Journal of Rock Mechanics & Mining Science & Geomechanics Abstracts, 1985, 22(6): 429-442.

[48] Maerz N H, Franklin J A, Bennett C P. Joint roughness measurement using shadow profilometry [J]. International Journal of Rock Mechanics & Mining Science & Geomechanics Abstracts, 1990, 27(5): 329-343.

[49] 王岐. 用伸长率R确定岩石节理粗糙度系数的研究 [C]. 中国岩石力学与工程学会. 地下工程经验交流会论文选集, 1982.

[50] 张鄂, 娄华洲, 金增伟, 等. 表面三维形貌参数及其评定 [J]. 上海交通大学学报, 1988, 1: 66-76, 124.

[51] 杜时贵, 陈禹, 樊良本. JRC修正直边法的数学表达 [J]. 工程地质学报, 1996, 2: 36-43.

[52] 杜时贵, 郭霄, 颜育仁. JRC-JCS模型在抗剪强度参数取值中的应用 [J]. 金华职业技术学院学报, 2004, 4(1): 1-4.

[53] Fardin N, Stephansson O, Jing L. The scale dependence of rock joint surface roughness [J]. International Journal of Rock Mechanics & Mining Sciences, 2001, 38(5): 659-669.

[54] Fardin N, Stephansson O, Feng Q. Application of a new in situ 3D laser scanner to study the scale effect on the rock joint surface roughness [J]. International Journal of Rock Mechanics & Mining Sciences, 2004, 41(2): 329-335.

[55] Mandelbrot B B. The fractal of nature [M]. New York: WH Freeman, 1983.

[56] Fardin N. Influence of Structural Non-Stationarity of Surface Roughness on Morphological Characterization and Mechanical Deformation of Rock Joints [J]. Rock Mechanics & Rock Engineering, 2008, 41(2): 267-297.

[57] Lee Y H, Carr J R, Barr D J, et al. The fractal dimension as a measure of the roughness of rock discontinuity profiles [J]. International Journal of Rock Mechanics & Mining Science & Geomechanics Abstracts, 1990, 27(6): 453-464.

[58] Askari M, Ahmadi M. Failure Process after Peak Strength of Artificial Joints by Fractal Dimension [J]. Geotechnical & Geological Engineering, 2007, 25(6): 631-637.

[59] 谢和平, Pariseau W. G. 岩石节理粗糙系数(JRC)的分形估计 [J]. 中国科学, 1994, 5: 524-530.

[60] Hustrulid W A, Johnson G A. Rock mechanics contributions and challenges: proceedings of the 31st U.S. Symposium [M]. Rotterdam: A. A. Balkema, 1990.

[61] Jeong W, Song J. Numerical Investigations for Flow and Transport in a Rough Fracture with a Hydromechanical Effect [J]. Energy Sources, 2005, 27(11): 997-1011.

[62] Jeong W, Song J. A Numerical Study on Flow and Transport in a Rough Fracture with Self-affine Fractal

Variable Apertures [J]. Energy Sources Part A Recovery Utilization & Environmental Effects, 2008, 30 (7): 606-619.

[63] 许宏发, 李艳茹, 刘新宇, 等. 节理面分形模拟及JRC与分维的关系 [J]. 岩石力学与工程学报, 2002, 21 (11): 1663-1666.

[64] 周创兵, 熊文林. 节理面粗糙度系数与分形维数的关系 [J]. 武汉水利电力大学学报, 1996, 5: 1-5.

[65] 周宏伟, 谢和平. 岩石节理张开度的分形描述 [J]. 水文地质工程地质, 1999, 1: 1-4.

[66] 周志芳. 裂隙介质水动力学 [M]. 北京: 中国水利水电出版社, 2004.

[67] Brown S R. Simple mathematical model of a rough fracture [J]. Journal of Geophysical Research Solid Earth, 1995, 100 (B4): 5941-5952.

[68] Wu J J. Simulation of rough surfaces with FFT [J]. Tribology International, 2000, 33 (33): 47-58.

[69] Wu J J. Simulation of non-Gaussian surfaces with FFT [J]. Tribology International, 2004, 37 (4): 339-346.

[70] Bakolas V. Numerical generation of arbitrarily oriented non-Gaussian three-dimensional rough surfaces [J]. Wear, 2003, 254 (5-6): 546-554.

[71] Harwood J, Macon C L. Finite Element Modeling of the Elastic-Plastic Contact between Two Rough Surfaces [C]. ASME 2012 International Mechanical Engineering Congress and Exposition, America, 2012: 677-683.

[72] Whitehouse D J, Archard J F. The properties of random surfaces in contact [J]. Mathematical and Physical Sciences, 1970, 316 (1524): 87-121.

[73] Nayak P R. Random Process Model of Rough Surfaces [J]. Journal of Lubrication Technology, 1971, 93 (3): 398-407.

[74] Nayak P R. Some aspects of surface roughness measurement [J]. Wear, 1973, 26 (2): 165-174.

[75] Bush A W, Gibson R D, Thomas T R. The elastic contact of a rough surface [J]. Wear, 1975, 35 (1): 87-111.

[76] Bush A W, Gibson R D, Keogh G P. The limit of elastic deformation in the contact of rough surfaces [J]. Mechanics Research Communications, 1976, 3 (3): 169-174.

[77] Bush A W, Gibson R D, Keogh G P. Strongly Anisotropic Rough Surfaces [J]. Journal of Tribology, 1979, 101 (1): 15-20.

[78] Sayles R S, Thomas T R. Surface topography as a nonstationary random process [J]. Nature, 1978, 271 (5644): 431-434.

[79] Whitehouse D J, Phillips M J. Discrete Properties of Random Surfaces [J]. Philosophical Transactions of the Royal Society B Biological Sciences, 1978, 290 (1369): 267-298.

[80] Whitehouse D J, Phillips M J. Two-Dimensional Discrete Properties of Random Surfaces [J]. Philosophical Transactions of the Royal Society B Biological Sciences, 1982, 305 (1490): 441-468.

[81] Whitehouse D J, Phillips M J. Sampling in a two-dimensional plane [J]. Journal of Physics a General Physics, 1998, 18 (13): 931-932.

[82] Tsang Y W, Tsang C F. Channel model of flow through fractured media [J]. Water Resources Research, 1987, 23 (3): 467-479.

[83] 施行觉, 卢振刚, 许和明, 等. 岩石非线性破裂的衰减特征 [J]. 地球物理学报, 1996, S1: 231-237.

[84] 谢和平, 陈至达. 分形几何与岩石断裂 [J]. 力学学报, 1988, 20 (3): 264-271.

[85] Jiang Y, Li B, Tanabashi Y. Estimating the relation between surface roughness and mechanical properties of rock joints [J]. International Journal of Rock Mechanics & Mining Sciences, 2006, 43 (6): 837-846.

[86] 李皋, 段慕白, 孟英峰, 等. 一种基于岩心测量的地层裂缝空间重构方法: ZL201310019575.3 [P]. 2015-09-30.

[87] 张军, 孟英峰, 李皋, 等. 多层螺旋CT三维成像技术岩心裂缝观测 [J]. 断块油气田, 2008, 15(3): 52-54.

[88] 李玉彬, 李向良. 利用微焦点X射线CT描述特殊岩性油藏岩心 [J]. 特种油气藏, 2000, 4: 53-54.

[89] 李玉彬, 李向良. 利用计算机层析（CT）确定岩心的基本物理参数 [J]. 石油勘探与开发, 1999, 6: 86-90.

[90] Hudson J A, Harrison J P. Engineering rock mechanics-an introduction to the principles [M]. New York: Academic Press, 2000.

[91] Cook N G W. Natural joints in rock: Mechanical, hydraulic and seismic behaviour and properties under normal stress [J]. International Journal of Rock Mechanics & Mining Sciences & Geomechanics Abstracts, 1992, 29 (3): 198-223.

[92] Goodman R E, Taylor R L, Brekke T L. A Model for the Mechanics of Jointed Rock [J]. Journal of Soil Mechanics & Foundations Div, 2015, 94: 637-660.

[93] Shehata W M. Geohydrology of mount vernon canyon area [D]. Golden: Colorado School of Mines, 1971.

[94] Goodman R E. Methods of geological engineering in discontinuous rocks [M]. New York: West Publishing Company, 1976.

[95] 孙宗颀. 不连续面应力—变形性质的研究 [J]. 岩石力学与工程学报, 1987, 6 (4): 287-300.

[96] Kulhawy F H. Stress deformation properties of rock and rock discontinuities [J]. Engineering Geology, 1975, 9 (4): 327-350.

[97] Bandis S C, Lumsden A C, Barton N R. Fundamentals of rock joint deformation [C] //International Journal of Rock Mechanics and Mining Sciences & Geomechanics Abstracts. New York: Pergamon Press, 1983, 20 (6): 249-268.

[98] Barton N, Bandis S, Bakhtar K. Strength, deformation and conductivity coupling of rock joints [C] // International Journal of Rock Mechanics and Mining Sciences & Geomechanics Abstracts. New York: Pergamon Press, 1985, 22 (3): 121-140.

[99] Swan G. Determination of stiffness and other joint properties from roughness measurements [J]. Rock Mechanics and Rock Engineering, 1983, 16 (1): 19-38.

[100] Sun Z, Gerrard C, Stephansson O. Rock joint compliance tests for compression and shear loads [C] // International Journal of Rock Mechanics and Mining Sciences & Geomechanics Abstracts. New York: Pergamon Press, 1985, 22 (4): 197-213.

[101] Malama B, Kulatilake P. Models for normal fracture deformation under compressive loading [J]. International Journal of Rock Mechanics and Mining Sciences, 2003, 40 (6): 893-901.

[102] Kulatilake P, Malama B. A new model for normal deformation of single fractures under compressive

loading [C] //Gulf Rocks 2004, the 6th North America Rock Mechanics Symposium (NARMS). Houston: American Rock Mechanics Association, 2004.

[103] 尹显俊, 王光纶. 岩体结构面法向循环加载本构关系研究 [J]. 岩石力学与工程学报, 2005, 24 (7): 1158-1163.

[104] 俞缙, 赵晓豹, 赵维炳, 等. 改进的岩石节理弹性非线性法向变形本构模型研究 [J]. 岩土工程学报, 2008, 30 (9): 1316-1321.

[105] 俞缙, 林从谋, 赵晓豹. 岩体节理非线性法向循环加载本构模型的改进 [J]. 华侨大学学报: 自然科学版, 2009, 30 (6): 694-697.

[106] 郭保华, 苏承东. 粗晶大理岩裂隙法向闭合曲线的拟合分析 [C] // 冯夏庭, 李海波. 岩石力学与工程的创新和实践: 第十一次全国岩石力学与工程学术大会论文集. 武汉: 湖北科学技术出版社, 2010.

[107] 蔡燕燕, 郑春婷, 戚志博, 等. 岩石节理法向变形的指数—双曲线组合模型研究 [J]. 郑州轻工业学院学报: 自然科学版, 2013, 27 (5): 73-77.

[108] 荣冠, 黄凯, 周创兵, 等. 岩石节理法向加载非线性变形本构模型研究 [J]. 中国科学: 技术科学, 2012, 4: 7.

[109] 郭保华, 李小军, 苏承东. 岩石裂隙法向循环加载本构关系试验研究 [J]. 岩石力学与工程学报, 2012, 31 (S1): 2973-2980.

[110] 史玲, 岳强, 毛松鹤. 用川北方程来描述节理法向压缩性能的研究 [J]. 科学技术与工程, 2014 (34): 278-282.

[111] Matsuki K, Wang E Q, Sakaguchi K, et al. Time-dependent closure of a fracture with rough surfaces under constant normal stress [J]. International Journal of Rock Mechanics & Mining Sciences, 2001, 38 (38): 607-619.

[112] Wang W H, Li X B, Zhang Y P, et al. Closure behavior of rock joint under dynamic loading [J]. Journal of Central South University of Technology, 2007, 165 (3): 408-412.

[113] 李夕兵, 工卫华, 马春德. 不同频率载荷作用下的岩石节理本构模型 [J]. 岩石力学与工程学报, 2007, 26 (2): 247-253.

[114] 唐志成, 夏才初, 宋英龙, 等. 考虑基体变形的节理闭合变形理论模型 [J]. 岩石力学与工程学报, 2012, 31 (A1): 3068-3074.

[115] Pyrak-Nolte L J, Myer L R, Cook N G W, et al. Hydraulic and mechanical properties of natural fractures in low permeability rock [C] //6th ISRM Congress. Montreal: International Society for Rock Mechanics, 1987.

[116] 龚明. 计算酸压裂缝导流能力的新模型 [J]. 天然气工业, 1999, 3: 68-72.

[117] Walsh R, McDermott C, Kolditz O. Numerical modeling of stress-permeability coupling in rough fractures [J]. Hydrogeology Journal, 2008, 16 (4): 613-627.

[118] Yeo C D, Katta R R, Polycarpou A A. Improved Elastic Contact Model Accounting for Asperity and Bulk Substrate Deformation [J]. Tribology Letters, 2009, 35 (3): 191-203.

[119] Chen D W. Coupled stiffness-permeability analysis of a single rough surfaced fracture by the three-dimensional boundary element method [D] Berkeley: University of California, 1990.

[120] Zimmerman R W, Chen D W, Long J C S, et al. Hydromechanical coupling between stress, stiffness, and hydraulic conductivity of rock joints and fractures [J]. Materialsence, 1990, 571-577.

[121] Cundall P A. Numerical experiments on rough joints in shear using a bonded particle model [M] // Aspects of Tectonic Faulting. Berlin: Springer Berlin Heidelberg, 2000.

[122] Park J W, Song J J. Numerical simulation of a direct shear test on a rock joint using a bonded-particle model [J]. International Journal of Rock Mechanics & Mining Sciences, 2009, 46(8): 1315-1328.

[123] 王刚, 张学朋, 蒋宇静, 等. 基于颗粒离散元法的岩石节理面剪切破坏细观机理 [J]. 中南大学学报: 自然科学版, 2015, 46(4): 1442-1453.

[124] Gangi A F. Variation of whole and fractured porous rock permeability with confining pressure [C] //International Journal of Rock Mechanics and Mining Sciences & Geomechanics Abstracts. New York: Pergamon Press, 1978, 15(5): 249-257.

[125] Hopkins D L, Cook N G W, Myer L R. Fracture stiffness and aperture as a function of applied stress and contact geometry [C] //The 28th US Symposium on Rock Mechanics (USRMS). Westminster: American Rock Mechanics Association, 1987.

[126] Hopkins D L. The effect of surface roughness on joint stiffness, aperture, and acoustic wave propagation [M]. Berkeley: University of California, 1991.

[127] Hopkins D L. The implications of joint deformation in analyzing the properties and behavior of fractured rock masses, underground excavations, and faults [J]. International Journal of Rock Mechanics and Mining Sciences, 2000, 37(1): 175-202.

[128] Lee S D, Harrison J P. Empirical parameters for non-linear fracture stiffness from numerical experiments of fracture closure [J]. International Journal of Rock Mechanics & Mining Sciences, 2001, 38(5): 721-727.

[129] Marache A, Riss J, Gentier S. Experimental and modelled mechanical behaviour of a rock fracture under normal stress [J]. Rock Mechanics & Rock Engineering, 2008, 41(6): 869-892.

[130] Taron J, Elsworth D. Coupled mechanical and chemical processes in engineered geothermal reservoirs with dynamic permeability [J]. International Journal of Rock Mechanics & Mining Sciences, 2010, 47(8): 1339-1348.

[131] Kamali A, Pournik M. An Investigation of Rough Surface Closure with Application to Fracturing [C] //49th US Rock Mechanics/Geomechanics Symposium. Westminster: American Rock Mechanics Association, 2015.

[132] Pyrak-Nolte L J, Morris J P. Single fractures under normal stress: The relation between fracture specific stiffness and fluid flow [J]. International Journal of Rock Mechanics and Mining Sciences, 2000, 37(1): 245-262.

[133] Petrovitch C L, Pyrak-Nolte L J, Nolte D D. A computational study: The scaling relationship Between fluid flow and displacement in single fractures [C] //43rd US Rock Mechanics Symposium & 4th US-Canada Rock Mechanics Symposium. Westminster: American Rock Mechanics Association, 2009.

[134] Petrovitch C L, Pyrak-Nolte L J, Nolte D D. Combined scaling of fluid flow and seismic stiffness in single fractures [J]. Rock Mechanics and Rock Engineering, 2014, 47(5): 1613-1623.

[135] 庄茁. 预应力结构锚固—接触力学与工程应用 [M]. 北京: 科学出版社, 2006: 14-18.

[136] Walsh J B, Grosenbaugh M A. A new model for analyzing the effect of fractures on compressibility [J]. Classical Review, 1965, 18(34): 10669-10676.

[137] Tsang Y W, Witherspoon P A. Hydromechanical behavior of a deformable rock fracture subject to normal

stress [J]. Journal of Geophysical Research: Solid Earth, 1981, 86 (B10): 9287-9298.

[138] Myer L R. Fractures as collections of cracks [J]. International Journal of Rock Mechanics and Mining Sciences, 2000, 37 (1): 231-243.

[139] Deng J, Hill A D, Zhu D. A theoretical study of acid-fracture conductivity under closure stress [J]. SPE Production & Operations, 2011, 26 (1): 9-17.

[140] Deng J, Mou J, Hill A D, et al. A new correlation of acid-fracture conductivity subject to closure stress [J]. SPE Production & Operations, 2012, 27 (2): 158-169.

[141] Barton N. Suggested methods for the quantitative description of discontinuities in rock masses [J]. ISRM, International Journal of Rock Mechanics and Mining Sciences & Geomechanics Abstracts, 1978, 15 (6): 319-368.

[142] Xia C C, Yue Z Q, Tham L G, et al. Quantifying topography and closure deformation of rock joints [J]. International Journal of Rock Mechanics and Mining Sciences, 2003, 40 (2): 197-220.

[143] Greenwood J A, Williamson J B P. Contact of Nominally Flat Surfaces [J]. Proceedings of the Royal Society A Mathematical Physical & Engineering Sciences, 1966, 295 (1442): 300-319.

[144] Greenwood J A, Tripp J H. The Contact of Two Nominally Flat Rough Surfaces [J]. ARCHIVE Proceedings of the Institution of Mechanical Engineers 1847-1982 (vols 1-196), 1970, 185 (1970): 625-634.

[145] Greenwood J A, Tripp J H. The Elastic Contact of Rough Spheres [J]. Journal of Applied Mechanics, 1967, 34 (1): 153-159.

[146] Beeler N M, Hickman S H. A note on contact stress and closure in rock joint and fault models [J]. Geophysical Research Letters, 2001, 28 (4): 607-610.

[147] Nagata K, Kilgore B, Beeler N, et al. High-frequency imaging of elastic contrast and contact area with implications for naturally observed changes in fault properties [J]. Journal of Geophysical Research Solid Earth, 2014, 119 (7): 5855-5875.

[148] Yamada K, Takeda N, Kagami J, et al. Mechanisms of elastic contact and friction between rough surfaces [J]. Wear, 1978, 48 (1): 15-34.

[149] Brown S R, Scholz C H. Closure of random elastic surfaces in contact [J]. J. geophys. Res, 1985, 90 (B7): 5531-5545.

[150] 夏才初. 工程岩体节理力学 [M]. 上海: 同济大学出版社, 2002.

[151] 夏才初, 孙宗颀, 潘长良. 表面形貌含波纹度的节理的闭合模型 [J]. 工程地质学报, 1994, 2: 38-47.

[152] Tang Z C, Liu Q S, Xia C C, et al. Mechanical Model for Predicting Closure Behavior of Rock Joints Under Normal Stress [J]. Rock Mechanics & Rock Engineering, 2014, 47 (6): 2287-2298.

[153] Tang Z C, Xia C C, Jiao Y Y, et al. Closure model with asperity interaction in normal contact for rock joint [J]. International Journal of Rock Mechanics and Mining Sciences, 2016, 83: 170-173.

[154] Lomize G M. Flow in jointed rocks [M]. Moscow: Gesener-goizdat, 1951.

[155] Louis C. Rock hydraulics [M]. Vienna: Springer Vienna, 1972.

[156] Amadei B, Illangasekare T. A mathematical model for flow and solute transport in non-homogeneous rock fractures [J]. International Journal of Rock Mechanics & Mining Science & Geomechanics Abstracts, 1994, 31 (6): 719-731.

[157] 速宝玉, 詹美礼. 仿天然岩体裂隙渗流的实验研究 [J]. 岩土工程学报, 1995, 5: 19-24.

[158] 段慕白, 李皋, 孟英峰, 等. 不同节理粗糙度系数的裂隙渗流规律研究 [J]. 水资源与水工程学报, 2013, 24（5）: 41-44.

[159] 张鑫. 粗糙单裂隙渗流与岩体应力特性分析 [D]. 西安: 西安理工大学, 2019.

[160] 申林方, 李腾风, 王志良, 等. 考虑壁面浸润性的光滑岩体微裂隙渗流特性数值模拟研究 [J]. 工程力学, 2020, 37（7）: 168-176.

[161] 余成, 雷文武. 粗糙单裂隙溶质运移优先通道的模拟研究 [J]. 重庆交通大学学报: 自然科学版, 2015, 4: 91-94.

[162] Yeo I W, Ge S. Applicable range of the Reynolds Equation for fluid flow in a rock fracture [J]. Geosciences Journal, 2005, 9（4）: 347-352.

[163] Graham M D. Polymer turbulence with Reynolds and Riemann. [J]. Journal of Fluid Mechanics, 2018, 848（1）: 1-4.

[164] Patir N, Cheng H S. Application of average flow model to lubrication between rough sliding surfaces [J]. Journal of Tribology, 1979, 101（2）: 220-229.

[165] Brown S R, Stockman H W, et al. Applicability of the Reynolds Equation for modeling fluid flow between rough surfaces [J]. Geophysical Research Letters, 1995, 22（18）: 2537-2540.

[166] 段慕白. 多场耦合作用下岩石裂缝变形机理研究 [D]. 成都: 西南石油大学, 2016.

[167] Zou L, Jing L, et al. Roughness decomposition and nonlinear fluid flow in a single rock fracture [J]. International Journal of Rock Mechanics & Mining Sciences, 2015, 75: 102-118.

[168] 何更生, 唐海. 油层物理 [M]. 北京: 石油工业出版社, 2011.

[169] Terzaghi K. Theoretical soil mechanics [M]. New York: Wiley New York, 1943.

[170] Biot M A. General theory of three-dimensional consolidation [J]. Journal of Applied Physics, 1941, 12（2）: 155-164.

[171] 任文希. 孔隙—裂缝性致密砂岩液相侵入过程流固耦合作用研究 [D]. 成都: 西南石油大学, 2015.

[172] 赵强. 裂缝流固耦合渗流机理研究 [D]. 成都: 西南石油大学, 2015.

[173] 胡强. 岩石裂缝网络与井筒耦合流动机理研究 [D]. 成都: 西南石油大学, 2017.

[174] 舒刚. 裂缝性地层钻井溢漏同存流动规律及模型研究 [D]. 成都: 西南石油大学, 2012.

[175] 贾红军. 钻遇裂缝性地层溢漏同存机理研究 [D]. 成都: 西南石油大学, 2013.

[176] 赵向阳. 裂缝性地层重力置换与井筒耦合流动规律研究 [D]. 成都: 西南石油大学, 2018.

[177] 戴成. 岩石钻井井筒-裂缝耦合流动特征研究 [D]. 成都: 西南石油大学, 2019.

[178] 邓智中. 一种堵漏评价装置设计及工作液效能评价研究 [D]. 成都: 西南石油大学, 2012.

[179] 余海峰. 裂缝性储层堵漏实验模拟及堵漏浆配方优化 [D]. 成都: 西南石油大学, 2014.

[180] 戴毅. 油基钻井液用堵漏剂及作用机理研究 [D]. 成都: 西南石油大学, 2014.

[181] Al-saba M T, Nygaard R, Saasen A, et al. Laboratory evaluation of sealing wide fractures using conventional lost circulation materials [C] //SPE Annual Technical Conference and Exhibition. Amsterdam: Society of Petroleum Engineers, 2014.

[182] Al-saba M T, Nygaard R, Saasen A, et al. Lost circulation materials capability of sealing wide fractures [C] //SPE Deepwater Drilling and Completions Conference. Amsterdam: Society of Petroleum Engineers, 2014.

[183] Wang G, Cao C, Pu X, et al. Experimental investigation on plugging behavior of granular lost circulation materials in fractured thief zone [J]. Particulate Science and Technology, 2016, 34 (4): 392−396.

[184] Zhong H, Shen G, Yang P, et al. Mitigation of Lost Circulation in Oil-Based Drilling Fluids Using Oil Absorbent Polymers [J]. Materials, 2018, 11 (10): 2020.

[185] 李之军. 垂直裂缝地层气液置换及钻井液防气侵封堵技术研究 [D]. 成都: 西南石油大学, 2014.

[186] 王贵. 提高地层承压能力的钻井液封堵理论与技术研究 [D]. 成都: 西南石油大学, 2012.

[187] 康毅力, 张敬逸, 许成元, 等. 刚性堵漏材料几何形态对其在裂缝中滞留行为的影响 [J]. 石油钻探技术, 2018, 46 (5): 26−34.

[188] 唐龙, 许成元. 毫米级宽度裂缝性漏失封堵实验研究 [J]. 石化技术, 2015, 22 (5): 164−165.

[189] 贾利春, 谢洪印, 谭清明. 三轴承压堵漏模拟实验研究 [J]. 钻采工艺, 2017, 40 (1): 14−17.

[190] Razavi O, Vajargah A K, van Oort E, et al. Optimum particle size distribution design for lost circulation control and wellbore strengthening [J]. Journal of Natural Gas Science and Engineering, 2016, 35: 836−850.

[191] 赵洋. 井下裂缝几何参数预测及堵漏规律研究 [D]. 成都: 西南石油大学, 2018.

[192] Persoff P, Pruess K, Myer L. Two-phase flow visualization and relative permeability measurement in transparent replicas of rough-walled rock fractures [R]. Lawrence Berkeley National Laboratory (LBNL), Berkeley, CA, 1991.

[193] Persoff P, Pruess K. Two-phase flow visualization and relative permeability measurement in natural rough-walled rock fractures [J]. Water resources research, 1995, 31 (5): 1175−1186.

[194] Babadagli T, Raza S, Ren X, et al. Effect of surface roughness and lithology on the water-gas and water-oil relative permeability ratios of oil-wet single fractures [J]. International Journal of Multiphase Flow, 2015, 75: 68−81.

[195] Develi K, Babadagli T. Experimental and visual analysis of single-phase flow through rough fracture replicas [J]. International Journal of Rock Mechanics and Mining Sciences, 2015, 73: 139−155.

[196] Raimbay A, Babadagli T, Kuru E, et al. Fractal analysis of single-phase water and polymer solution flow at high rates in open and horizontally displaced rough fractures [J]. International Journal of Rock Mechanics and Mining Sciences, 2017, 92: 54−71.

[197] Chen Y F, Wu D S, Fang S, et al. Experimental study on two-phase flow in rough fracture: Phase diagram and localized flow channel [J]. International Journal of Heat and Mass Transfer, 2018, 122: 1298−1307.

[198] Raimbay A, Babadagli T, Kuru E, et al. Quantitative and Visual Analysis of Proppant Transport in Rough Fractures and Aperture Stability [C] //SPE Hydraulic Fracturing Technology Conference. Amsterdam: Society of Petroleum Engineers, 2015.

[199] Raimbay A, Babadagli T, Kuru E, et al. Quantitative and visual analysis of proppant transport in rough fractures [J]. Journal of Natural Gas Science and Engineering, 2016, 33: 1291−1307.

[200] Huang H, Babadagli T, Li H A. A quantitative and visual experimental study: effect of fracture roughness on proppant transport in a vertical fracture [C] //SPE Eastern Regional Meeting. Amsterdam: Society of Petroleum Engineers, 2017.

[201] Huang H, Babadagli T, Andy Li H, et al. Visual Analysis on the Effects of Fracture-Surface

Characteristics and Rock Type on Proppant Transport in Vertical Fractures [C] //SPE Hydraulic Fracturing Technology Conference and Exhibition. Amsterdam: Society of Petroleum Engineers, 2018.

[202] Huang H, Babadagli T, Li H, et al. Experimental Study on the Effect of Injection Parameters on Proppant Transport in Rough Vertical Hydraulic Fractures [C] //SPE Western Regional Meeting. Amsterdam: Society of Petroleum Engineers, 2018.

[203] 石秉忠, 胡旭辉, 高书阳, 等. 硬脆性泥页岩微裂缝封堵可视化模拟试验与评价 [J]. 石油钻探技术, 2014, 42 (3): 32-37.

[204] 张涛, 郭建春, 刘伟. 清水压裂中支撑剂输送沉降行为的CFD模拟 [J]. 成都: 西南石油大学学报 (自然科学版), 2014, 36 (1): 74-82.

[205] Tsuji Y, Kawaguchi T, Tanaka T. Discrete particle simulation of two-dimensional fluidized bed [J]. Powder technology, 1993, 77 (1): 79-87.

[206] Basu D, Das K, Smart K, et al. Comparison of Eulerian-Granular and discrete element models for simulation of proppant flows in fractured reservoirs [C] //ASME 2015 International Mechanical Engineering Congress and Exposition. Houston: American Society of Mechanical Engineers, 2015: V07BT09A012-V07BT09A012.

[207] Blyton C A J, Gala D P, Sharma M M. A comprehensive study of proppant transport in a hydraulic fracture [C] //SPE Annual Technical Conference and Exhibition. Amsterdam: Society of Petroleum Engineers, 2015.

[208] Blyton C A J. Proppant transport in complex fracture networks [D]. Austin: The University of Texas, 2016.

[209] Damjanac B, Detournay C, Cundall P A. Application of particle and lattice codes to simulation of hydraulic fracturing [J]. Computational Particle Mechanics, 2016, 3 (2): 249-261.

[210] Zeng J, Li H, Zhang D. Numerical simulation of proppant transport in hydraulic fracture with the upscaling CFD-DEM method [J]. Journal of Natural Gas Science and Engineering, 2016, 33: 264-277.

[211] Zhang G, Li M, Gutierrez M. Numerical simulation of proppant distribution in hydraulic fractures in horizontal wells [J]. Journal of Natural Gas Science and Engineering, 2017, 48: 157-168.

[212] Zhang G, Gutierrez M, Li M. A coupled CFD-DEM approach to model particle-fluid mixture transport between two parallel plates to improve understanding of proppant micromechanics in hydraulic fractures [J]. Powder technology, 2017, 308: 235-248.

[213] Tomac I, Gutierrez M. Micromechanics of proppant agglomeration during settling in hydraulic fractures [J]. Journal of Petroleum Exploration and Production Technology, 2015, 5 (4): 417-434.

[214] 冯一. 封堵颗粒在井周裂缝中的运移机理研究 [D]. 成都: 西南石油大学, 2019.

[215] 陈钢花, 吴文圣, 王中文, 等. 利用地层微电阻率成像测井识别裂缝 [J]. 测井技术, 1999, 23 (4): 279-281.

[216] 柴细元, 张文瑞, 王贵清, 等. 远探测声波反射波成像测井技术在裂缝性储层评价中的应用 [J]. 测井技术, 2009, 33 (6): 539-543.

[217] 邓少贵, 莫宣学, 卢春利, 等. 缝洞型地层缝洞的双侧向测井响应数值模拟 [J]. 石油勘探与开发, 2012, 39 (6): 706-712.

[218] 冯一. 基于岩石细观力学的裂缝闭合机理研究 [D]. 成都: 西南石油大学, 2016.

[219] 王怀文, 周宏伟, 谢和平, 等. 扫描电镜下断口表面的三维重建及分形维数的测量 [J]. 实验力学, 2008, 23 (2): 118-124.

[220] 王金安, 谢和平, M.A.科瓦西涅夫斯基. 应用激光技术和分形理论测量和描述岩石断裂表面粗糙度 [J]. 岩石力学与工程学报, 1997, 16 (4): 61-68.

[221] Lanaro F. A random field model for surface roughness and aperture of rock fractures [J]. International Journal of Rock Mechanics and Mining Sciences, 2000, 37 (8): 1195-1210.

[222] 夏才初, 王伟, 丁增志. TJXW-3D 型便携式岩石三维表面形貌仪的研制 [J]. 岩石力学与工程学报, 2008, 27 (7): 1505-1512.

[223] 游志诚, 王亮清, 杨艳霞, 等. 基于三维激光扫描技术的结构面抗剪强度参数各向异性研究 [J]. 岩石力学与工程学报, 2014, 33 (S1): 3003-3008.

[224] Evgeny Isakov, Steven R O, Colin W T, et al. Fluid flow through rough fractures in rocks I: high resolution aperture determinations [J]. Earth and Planetary Science Letters, 2001, 191 (3): 267-282.

[225] 刘星, 苏礼坤. 光学位相测量轮廓术的原理研究 [J]. 成都信息工程学院学报, 2007, 22 (S1): 118-123.

[226] 陈彦军, 左旺孟, 王宽全, 等. 结构光编码方法综述 [J]. 小型微型计算机系统, 2010, 31 (9): 1856-1863.

[227] 王政, 胡志雄. 基于张正友标定算法的内参数线性与非线性解算 [J]. 郑州师范教育, 2013, 2 (2): 63-66.

[228] 严豪. 基于三维扫描的岩体结构面粗糙度 JRC 定量估算 [D]. 西安: 长安大学, 2019.

[229] 李后强, 汪富泉. 分形理论及其发展历程 [J]. 自然辩证法研究, 1992, 11: 20-23.

[230] 曹海涛. 基于分形理论裂缝面形态特征及渗流特性研究 [D]. 成都: 成都理工大学, 2016.

[231] 周宏伟, 谢和平, KWASNIEWSKIMA. 粗糙表面分维计算的立方体覆盖法 [J]. 摩擦学学报, 2000, 6: 455-459.

[232] Wittmann F H. Structure of concrete with respect to crack formation [J]. Fracture mechanics of concrete, 1983, 43 (5): 6.

[233] 朱万成, 唐春安, 杨天鸿, 等. 岩石破裂过程分析用 (RFPA2D) 系统的细观单元本构关系及验证 [J]. 岩石力学与工程学报, 2003, 22 (1): 24-29.

[234] 谢强. 岩石细观力学实验与分析 [M]. 成都: 西南交通大学出版社, 1997.

[235] 杨卫. 细观力学和细观损伤力学 [J]. 力学进展, 1992, 22 (1): 1-9.

[236] Budiansky B, Micromechanics [J]. Computers & Structures, 1983, 16 (1): 3-12.

[237] 赵稼祥. 肖子隽教授谈"中间力学"的研究 [J]. 宇航材料工艺, 1987, 3: 34.

[238] 王艳梅, 刘宝林, 贾苍琴. 岩石细观力学试验方法研究综述 [J]. 施工技术, 2011, 40: 430-435.

[239] 赵阳升, 万志军, 张渊, 等. 岩石热破裂与渗透性相关规律的试验研究 [J]. 岩石力学与工程学报, 2010, 29 (10): 1970-1976.

[240] 李俊平, 余志雄, 周创兵, 等. 水力耦合下岩石的声发射特征试验研究 [J]. 岩石力学与工程学报, 2006, 25 (3): 492-498.

[241] 葛修润, 李廷芥, 张梅英, 等. 适用于岩石力学细观实验研究的加载仪 [J]. 岩土力学, 2000, 21 (3): 289-293.

[242] 冯夏庭, 丁梧秀. 应力—水流—化学耦合下岩石破裂全过程的细观力学试验 [J]. 岩石力学与工程

学报，2005，24（9）：1465-1473.

[243] 凌建明．压缩荷载条件下岩石细观损伤特征的研究［J］．同济大学学报：自然科学版，1993（2）：219-226.

[244] 朱珍德，渠文平，蒋志坚．岩石细观结构量化试验研究［J］．岩石力学与工程学报，2007，26（7）：1313-1324.

[245] 倪骁慧，朱珍德，赵杰，等．岩石破裂全程数字化细观损伤力学试验研究［J］．岩土力学，2009，30（11）：3283-3290.

[246] 葛修润．岩土损伤力学宏细观试验研究［M］．北京：科学出版社，2004.

[247] 王彦琪．岩石单轴压缩破坏过程的CT试验研究［D］．太原：太原理工大学，2013.

[248] Sufian A，Russell A R. Microstructural pore changes and energy dissipation in Gosford sandstone during pre-failure loading using X-ray CT［J］. International Journal of Rock Mechanics and Mining Sciences，2013，57：119-131.

[249] Ahmadi M. The effects of roughness and offset on fracture compliance ratio［J］. Geophysical Journal International，2016，205（1）：441-450.

[250] Duan Y，Meng Y，Luo P，et al. Stress sensitivity of naturally fractured-porous reservoir with dual-porosity［C］. SPE International Oil and Gas Conference and Exhibition in China. Amsterdam：Society of Petroleum Engineers，1998.

[251] 单钰铭．致密砂岩中裂缝的变形特性及对渗流能力的控制作用［J］．成都理工大学学报：自然科学版，2010，37（4）：457-462.

[252] 彭瑞东，鞠杨，高峰，等．三轴循环加载下煤岩损伤的能量机制分析［J］．煤炭学报，2014，39（2）：245-252.

[253] 梁利喜，刘向君，许强，等．基于接触理论研究裂缝性储层应力敏感性［J］．特种油气藏，2006，13（4）：14-16.